Dampfturbinenschaufeln

Profilformen, Werkstoffe, Herstellung und Erfahrungen

Von

Hans Krüger

Zivil-Ingenieur

Mit 147 Textabbildungen

Berlin

Verlag von Julius Springer

1930

ISBN-13:978-3-642-89994-2   e-ISBN-13:978-3-642-91851-3
DOI: 10.1007/978-3-642-91851-3

Vorwort.

Als der Verfasser um 1908 die Aufgabe übernahm, bei einer Marinewerft, welche den Dampfturbinenbau aufnahm, die Konstruktion und die betriebstechnischen Erfahrungen des Lizenzgebers, eines der ersten Turbinenhersteller des Kontinents, zu verwerten, gab es noch keine ausführliche Literatur über Turbinenschaufeln. Erst als um 1910 die ersten Turbinenschiffe in Betrieb gesetzt wurden, begannen Ingenieure des Land- und Schiffsturbinenbaues ihre Erfahrungen und Anregungen der Fachwelt zugänglich zu machen.

Hervorzuheben sind hier die Erörterungen in der Jahresversammlung der Schiffbautechnischen Gesellschaft 1916 und die Vorträge des verstorbenen Direktors der AEG., Dr. O. Lasche. Die Frage der besten Beschauflung für Dampfturbinen hat in der Folgezeit an Bedeutung ständig zugenommen und wurde wiederholt Gegenstand von Erörterungen und Vorschlägen sowohl in der Literatur, als auch in Versammlungen. Während aber in der ersten Zeit des Turbinenbaues nur etwa drei Werkstoffe für die Herstellung der Schaufeln Verwendung fanden, sind es heute deren 20—30, so daß die Auswahl des geeignetsten Werkstoffes immer schwieriger geworden ist.

Es mußte daher als eine Lücke empfunden werden, daß Turbinenfachleute und Studierende, die sich über Turbinenschaufeln erschöpfend unterrichten wollten, kein Kompendium über Schaufelwerkstoffe vorfanden, sondern eine große Menge zerstreuter Literatur der Werkstoffkunde und des Turbinenbaues durcharbeiten mußten. Vielfach fanden sie Wichtiges an versteckten Stellen viel zu spät, oftmals aber auch die widersprechendsten Angaben, verursacht hauptsächlich dadurch, daß bei den Prüfungen, die den Empfehlungen oder den Berichten zugrunde liegen, auf die für Schaufeln allein in Betracht kommenden Vergütungszustände der Baustoffe keine Rücksicht genommen wurde. Je nachdem, ob die Proben kalt bearbeitet, geglüht oder vergütet waren, sind die Festigkeitswerte für die Zwecke als Schaufelmaterial teils zu hoch, teils zu niedrig angegeben. Da aber diese verschiedenartigen Voraussetzungen meist nicht erläutert sind, steht man vor der Frage, welche dieser sich widersprechenden Angaben man benutzen kann oder verwerfen muß. Infolgedessen ist ein derartiges Studium der Literatur nicht nur mit Schwierigkeiten und Zeitverlusten verknüpft, sondern häufig unnütz. Es ermöglicht nicht die Bildung eines eigenen Urteils So ist der Wunsch nach einer zusammenhängenden Aufklärung über die Eigenarten der für Schaufelmaterial in Betracht kommenden Werkstoffe zu verstehen. Diesem Wunsche soll in dem vorliegenden Werke im Sinne der Förderung der Turbinenschaufelfrage in möglichst weitem Umfange Rechnung getragen werden.

Der Verfasser hat auf Grund eigener 20jähriger Erfahrung in der Anfertigung von Turbinenschaufelmaterial und Schaufeln, in welche Zeit die Einführung der hochlegierten Stähle, Sondermessinge und des Monelmetalls für Schaufeln fällt, sowie in Einklang mit den von Verbraucherkreisen am häufigsten gestellten Fragen es sich zur Aufgabe gemacht, den vorhandenen Stoff in so übersichtlicher Weise anzuordnen, daß der Leser in der Lage ist, sich schnell über Anwendungsmöglichkeiten zu orientieren und sich gleichzeitig durch die Angaben über die Vorgänge bei der Herstellung der Werkstoffe von den damit zusammenhängenden Eigentümlichkeiten ein klares Bild zu machen.

Aus naheliegenden Gründen mußte davon abgesehen werden, die über den Rahmen der Abhandlung hinausreichenden Einzelheiten der physikalischen und mechanischen Eigenschaften der Werkstoffe sowie Einzelheiten der Anfertigung mit aufzunehmen. Es liegt jedoch im Bereich der Möglichkeit, bei den nicht erschöpfend behandelten Fragen auf die im Literaturverzeichnis aufgeführten Quellen zurückzugreifen.

Berlin, im November 1929.

Der Verfasser.

Inhaltsverzeichnis.

I. Einleitung.

Daß der Turbinenbau in den ersten Jahren der Einführung von höher legiertem Stahl, etwa um das Jahr 1909, in 25proz. Nickelstahl den Idealwerkstoff für Turbinenschaufeln gefunden zu haben glaubte und in erheblichem Umfange, ja fast allgemein zu seiner Verwendung überging, führte zu einem Mißerfolg. Denn es zeigte sich, daß diese Schaufeln im Betriebe teilweise rissig und mürbe wurden. Die Ursache hiervon wurde dem Umstande zugeschoben, daß die betreffenden Schaufeln im Ziehverfahren hergestellt worden waren. Dadurch entstand ein Zweifel an der Richtigkeit dieses Verfahrens, und die Turbinenfabriken wandten sich von der Verwendung gezogenen Turbinenschaufelmaterials aus legierten Stählen, selbst aus 5proz. Nickelstahl, ab.

Mehrere Jahre hindurch glaubte man, das Ziehverfahren nur für Messing mit hohem Kupfergehalt anwenden zu dürfen, alle Schaufeln aus legiertem Stahl jedoch durch Ausfräsen warmgewalzter Stangen herstellen zu müssen.

Inzwischen wurden, um der Steigerung der Beanspruchung der Schaufeln gerecht zu werden, auch gezogene Schaufeln aus Sondermessing mit höheren Festigkeitseigenschaften hergestellt, die sich wohl hinsichtlich Erosionswiderstand besser bewährten, aber noch nicht den Anforderungen entsprachen, welche die Verwendung höherer Dampftemperaturen stellt. Ihre Verarbeitung ist schwerer als diejenige von hochkupferhaltigem Messing und ähnelt schon derjenigen von Stahl. So gelang es gleichzeitig mit der Einführung der Sondermessingarten, hochwertige legierte Stähle, die auch bei hohen Temperaturen genügend Widerstand besitzen, in Schaufelprofilformen zu walzen und zu ziehen und profiliertes Schaufelmaterial aus hochlegiertem Stahl so zu liefern, daß die daraus hergestellten Schaufeln den Ansprüchen an Güte und Gleichmäßigkeit gerecht wurden.

Diese Entwicklung und der Erfolg in der Umformung hochwertiger Werkstoffe zur profilierten Schaufelform wurde ermöglicht durch systematische Untersuchung der Anfertigungseinzelheiten und der Ergebnisse sowie durch planmäßige Auswertung der von der Forschung festgestellten Grundsätze über das Wesen der Warm- und Kaltformgebung. Diese gipfeln darin, daß bei der Verformung durch Walzen und Ziehen eine Verfeinerung des ursprünglichen Grobgefüges und mit fortschreitender Durchknetung eine erhebliche **Gütesteigerung** erreicht wird.

Charakteristisch hierfür sind die Dehnungsziffern eines Bandstahles. Derselbe hat nämlich beispielsweise gewalzt nur 1,2 %, geglüht nur 8 % Dehnung. Mit jeder Kaltwalzung dagegen und jeder neuen Glühung nimmt die Dehnung zu, so daß sie nach der vierten Kaltbearbeitung und Glühung auf 30 % angewachsen ist. Beispiele für solche Qualitätsverbesserungen sind Klaviersaitendrähte, Flugzeugseildrähte und Stahlfedern, die nur durch die wiederholten Verformungen in Abwechslung mit thermischer Behandlung ihren hohen Gütewert erhalten. Da somit die großen Vorteile der Kaltbearbeitung feststehen und sich neuerdings die technologische Forschung in zunehmendem Maße diesem Formgebungsverfahren widmet, darf damit gerechnet werden, daß die Tatsache, durch Kaltbearbeitung mit Walzen und Ziehen aus harten Werkstoffen vollwertige, wichtige Maschinenteile herstellen zu können, nicht wieder zu erschüttern ist.

Die in den nachfolgenden Abschnitten über die Dehnung gemachten Angaben beziehen sich sämtlich auf die 10fache Meßlänge bei Rundproben und die Meßlänge $l = 11,3 \cdot \sqrt{Q}$ (Querschnitt) bei Profilstäben. Bei Angaben in der ausländischen Literatur ist die Dehnung meist auf kürzere Längen bezogen und erscheint uns dann im Vergleich mit gewohnten Werten sehr hoch. Erfahrungsgemäß stehen aber die Dehnungswerte bei gleichem Querschnitte und verschiedenen Meßlängen in folgenden Verhältnissen zueinander:

Verhältnis von Meßlänge zum Querschnitt	Dehnung	Bemerkung
$l = 11,3 \cdot \sqrt{\text{Querschnitt}}$ = internationaler Zerreißstab (Deutschland) (bei Rundproben $10 \cdot \varnothing$ = „10fache Meßlänge")	x	—
$l = 5 \cdot \sqrt{\text{Querschnitt}}$ (bei Rundproben $5 \cdot \varnothing$ = „5fache Meßlänge")	bei etwa 16 % $= 1,2 \cdot x$ bei etwa 19 % $= 1,3 \cdot x$	oder die Dehnung bei 10facher Meßlänge ist $= 0,83 \cdot$ Dehnung bei 5facher Meßlänge $= 0,77 \cdot$ „ „ 5 „ „
$l = 8,18 \cdot \sqrt{\text{Querschnitt}}$ = französischer Zerreißstab ($\varnothing = 13,8$ mm, 100 mm Meßlänge)	$1,1 \cdot x$	oder die Dehnung bei 10facher Meßlänge ist $= 0,91 \cdot$ Dehnung des französischen Zerreißstabes
$l = 4,52 \cdot \sqrt{\text{Querschnitt}}$ = englischer Zerreißstab ($\varnothing = {}^{1}/_{2}$ Zoll, 2 Zoll Meßlänge)	$1,45 \cdot x$	oder die Dehnung bei 10facher Meßlänge ist $= 0,69 \cdot$ Dehnung des englischen Zerreißstabes

Durch die Verhältniszahlen wird ein schneller Vergleich der in nachstehenden Abschnitten angegebenen Dehnungswerte mit denen ausländischer Literatur ermöglicht.

Um bei der Lektüre ausländischer Literatur die Umrechnung auch der übrigen, im Auslande gebräuchlichen Einheiten für die Härte, Temperatur, Länge usw. zu erleichtern, sind am Schlusse des Werkes die entsprechenden Verhältniszahlen aufgenommen.

Die im Text des Buches angegebenen Warmzerreißwerte sind durchweg bei ziemlich langer Prüfdauer ermittelt; die Prüfzeit war jedoch mangels einer Norm dafür nicht einheitlich. Deshalb wird bei Angabe von Warmzerreißwerten die Prüfdauer angegeben, wenn sie von der üblichen abweicht, und die Kenntnis der Prüfzeit von Wichtigkeit erscheint.

II. Schaufelprofilformen.

Die Schaufelformen sind bekanntlich je nach der Geschwindigkeit, des Druckgefälles und Volumens des Dampfes sehr mannigfaltig. Die Zahl der verschiedenen Profilformen, die im Ziehverfahren hergestellt werden, beträgt etwa 3000, diejenige der durch Fräsen hergestellten Formen dürfte ebenso groß sein.

Je nach dem Verwendungsgebiet lassen sich die Schaufelformen einteilen in:

Leitschaufelformen,

Gleichdruck- oder Aktionsschaufelformen,

Überdruck- oder Reaktionsschaufelformen.

Eine Zwischenform zwischen beiden letzteren, die die Merkmale beider in sich vereinigt, bildet die kombinierte Schaufelform.

1. Leitschaufeln,

d. h. Schaufeln vor der ersten Stufe. Diese werden im allgemeinen aus Streifen, die entweder als Bänder hergestellt oder aus Tafeln geschnitten sind, mittels Presse oder Rolliervorrichtung in Form gebogen und haben meist den in Abb. 1 dargestellten, gleichmäßig starken Quer-

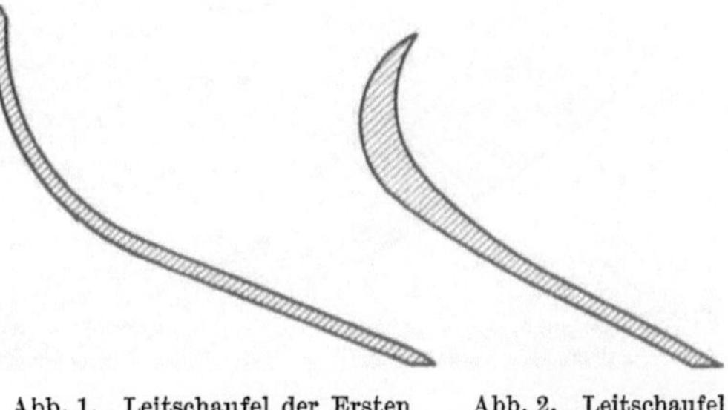

Abb. 1. Leitschaufel der Ersten Brünner Masch.-Fabr. A.-G.

Abb. 2. Leitschaufel der Fa. Weise & Co.

schnitt. Wird eine verschiedene Profilstärke vorgezogen, so muß entweder ein teilweises Abfräsen des entsprechend stärker zu wählenden Bleches erfolgen, oder man bedient sich der billigeren gewalzten und gezogenen Profile, Abb. 2.

2. Überdruckschaufeln.

Die Form für diese Schaufeln ist bekanntlich von Parsons, dem Altmeister des Dampfturbinenbaues, angegeben worden. Die von der

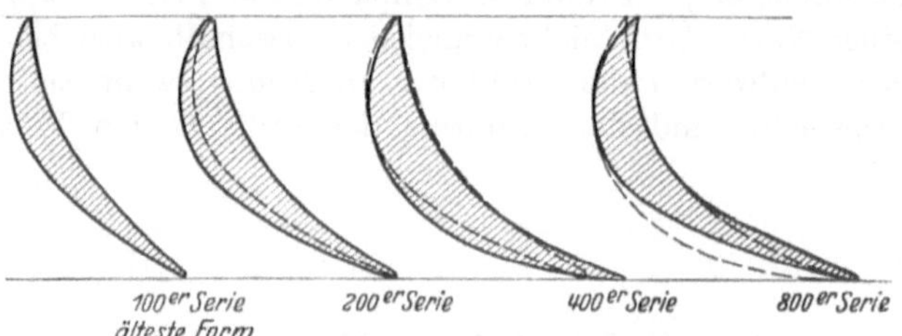

Abb. 3. Veränderung der Parsons-Schaufelformen.

Parsons Co. entwickelten Urformen, die als gezogene Profilstangen hergestellt werden, haben im Verlaufe von 25 Jahren kleine Veränderungen erfahren, die aus Abb. 3 ersichtlich sind. Die ältere Form ist in dieser Abbildung in die jeweils neuere punktiert eingezeichnet. Diese Schaufeln kamen und kommen noch zur Anwendung in axialen Breiten von etwa 5—80 mm, die in ihrer Form nach Serien unterteilt sind. Die 200er Serie wurde von der deutschen Marine bei Einführung des Antriebes der Kriegsschiffe durch Dampfturbinen gleichzeitig

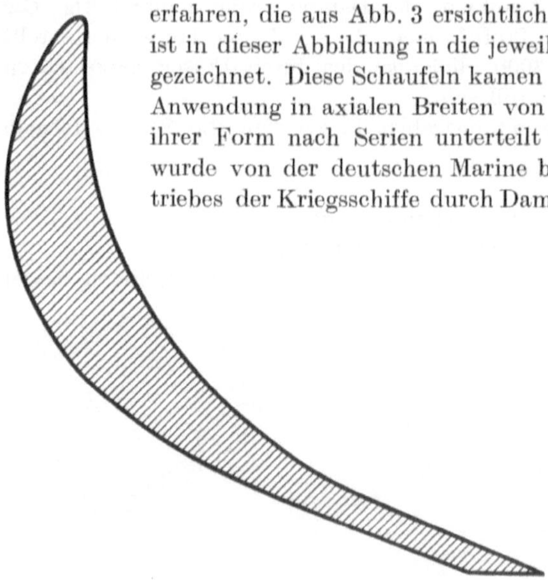

Abb. 5. Kleinste gezogene Überdruckschaufel.

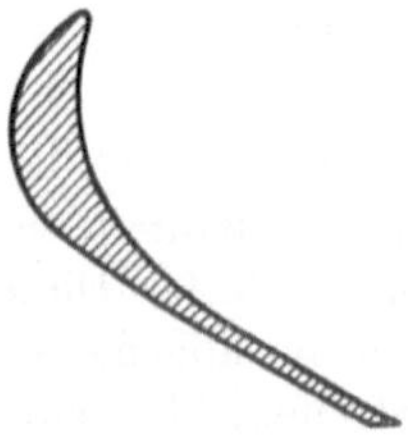

Abb. 4. Besonders große Überdruckschaufel.

Abb. 6. Überdruckschaufel mit langen parallelen Austrittsflanken.

mit einigen Gleichdruckschaufelserien genormt und gilt heute noch als die Normalform für Schiffsturbinenschaufeln.

Alle Turbinenfabriken arbeiteten ähnliche, hiervon mehr oder weniger abweichende Formen aus, entsprechend den verwendeten Konstruktionen. Zwei Grenzfälle von großen und kleinen Überdruckschaufeln geben die Abb. 4 und 5 wieder. Die unablässige Entwicklung anderer Profilformen ist das Zeichen eines rastlosen Strebens unserer Konstrukteure nach Verbesserungen. In neuerer Zeit wird zur Steigerung des Umsetzungswirkungsgrades die lange, geradlinige Führungsstrecke des Dampfes auf der Austrittsseite bevorzugt, indem nach Abb. 6 die Austritts-Schenkel lange, parallele Flanken erhalten.

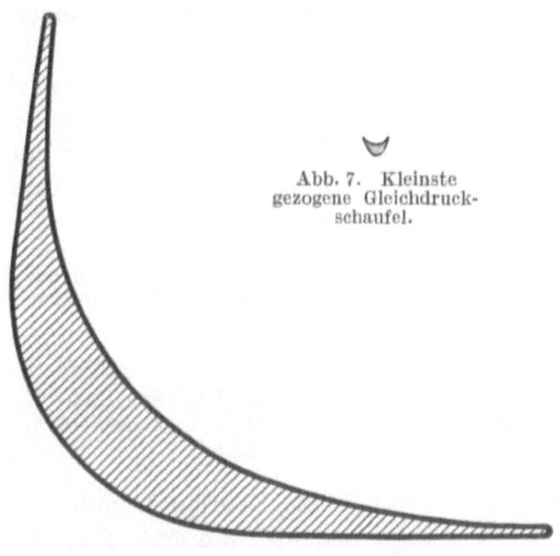

Abb. 7. Kleinste gezogene Gleichdruckschaufel.

Abb. 8. Besonders große Gleichdruckschaufel.

3. Gleichdruck- oder Aktionsschaufeln.

Diese finden mit Eindrehungsbreiten von 3 bis 90 mm Verwendung (Abb. 7 und 8). Diejenigen mit 14, 16, 20, 25 und 30 mm Breite sind durch die Normung der Reichsmarine erfaßt. Auch die Formen der Aktionsschaufeln sind sehr zahlreich, und man neigt in letzter Zeit zur Bevorzugung langer Austrittsschenkel zur Verbesserung der Dampfführung. Für mäßige Umfangsgeschwindigkeiten ($v = 120$ m/sek) wird die sog. Blechschaufel mit gleichmäßiger Dicke verwendet (Abb. 9), alle übrigen Schaufelformen sind in der Mitte verstärkt. Eine Sonderform zeigt Abb. 10.

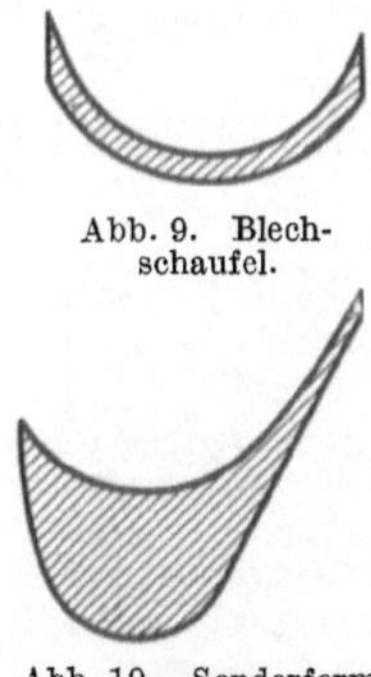

Abb. 9. Blechschaufel.

Abb. 10. Sonderform einer Gleichdruckschaufel.

4. Die kombinierte Form

stellt eine Vereinigung zwischen Überdruck- und Gleichdruckschaufelform dar (Abb. 11). Sie ist, strenggenommen, keine besondere Art, wird aber deshalb erwähnt, weil sie sowohl bei der Anfertigung im Ziehverfahren als auch in den Katalogen der Schaufelziehereien eine Klasse für sich bildet.

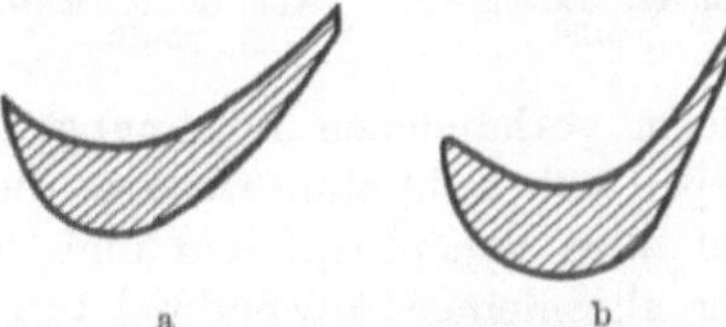

Abb. 11 a u. b.   Kombinierte Schaufelformen.

5. Bezeichnung der Profilformen.

Wenn nach dem vorher Gesagten eine vollständige Normung der Schaufelformen nicht durchführbar erscheint, so dürfte doch eine einheitlichere Normung der Bezeichnungen, wie sie in der Marine durchgeführt wurde, zweckmäßig sein. Dort wurde die Bezeichnung so gewählt, daß ohne weiteres ersichtlich ist, ob es sich um eine Parsonsschaufel, eine Aktionsschaufel oder um ein Zwischenstück für Zylinder, Spindel oder Aktionsrad handelt (s. Abb. 12 und 13):

260 B =	Schaufel (blade) der 200er Serie	
260 C =	Zwischenstück für	Stator (cylinder)
260 S =	,,	,, Rotor (spindle)
261 C =	,,	,, Stator
261 S =	,,	,, Rotor
262 B =	Schaufel	
262 C =	Zwischenstück für	Stator
262 S =	,,	,, Rotor

Bei Aktionsschaufeln, z. B. 20 B 45 und 20 Z 45 bedeutet die erste Zahl die Breite, B bzw. Z = Schaufel (blade) bzw. Zwischenstück, 45 kennzeichnet die Größe des Austrittswinkels. Die Winkelbezeichnung ließe sich noch dahin ergänzen, daß auch eine Kennzahl des Eintrittswinkels mit angegeben würde, so daß für Ein- und Austrittswinkel beide Kennzahlen in einer Doppelzahl stehen, im vorliegenden Falle etwa: 20 B 50/45. Nicht zu empfehlen ist eine etwa im Normungsbestreben liegende Neubezeichnung mit wieder anderen Kennzeichen. Auch wenn solche theoretisch richtiger gewählt werden könnten, so würde doch durch eine Änderung bestimmt Verwirrung in der komplizierten Bezeichnung der sehr vielen vorhandenen Zeichnungen und Werkzeuge entstehen. Dagegen ließen sich wohl ohne weiteres die Bezeichnungsgrundsätze der Marine bei allen neuentworfenen und zur Ausführung kommenden Profilen zur allgemeinen Anwendung bringen.

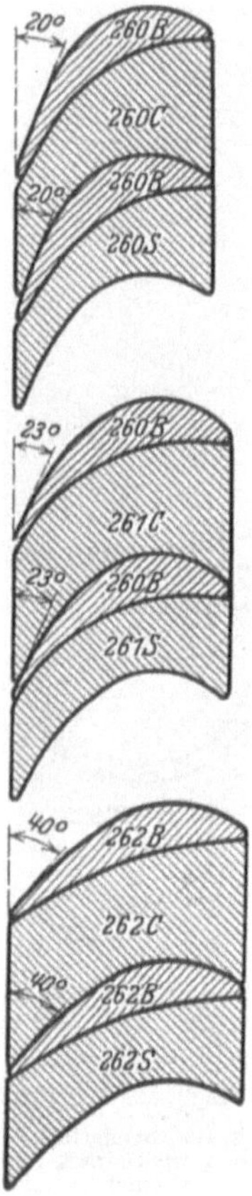

Abb. 12. Parsonsprofile.

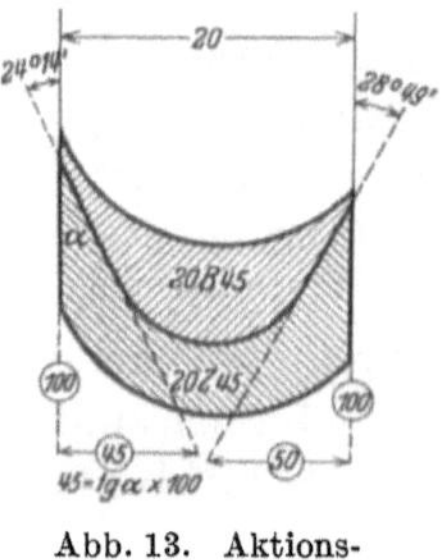

Abb. 13. Aktionsprofil.

III. Die an die Werkstoffe für Schaufelmaterial zu stellenden Anforderungen.

Die von der Beschauflung einer Dampfturbine zu erfüllenden Aufgaben sind möglichst hohe Betriebssicherheit, lange Lebensdauer, glatter Dampfdurchlaß, kein Nachlassen des Wirkungsgrades und billige Herstellung. Jede dieser Aufgaben stellt an die Werkstoffe eine Reihe von Anforderungen, die teils theoretischen Erwägungen unter Berücksichtigung konstruktiver Einzelheiten unterliegen, teils sich ergeben auf Grund der praktischen Erfahrungen, die im Betriebe mit Dampfturbinen gewonnen werden.

In der Bekanntgabe von Erfahrungen bestand früher eine gewisse Zurückhaltung. Erst in den letzten Jahren hat unter den Turbinenfachleuten Gemeinschaftsarbeit eingesetzt, insbesondere bei den Mitgliedswerken des mitteldeutschen Bezirksverbandes der Vereinigung der Elektrizitätswerke. Dieser Verband setzte auf Anregung seitens einer Elektrizitätswerkleitung eine besondere Turbinenkommission ein, die den Fragen der Turbinenbeschauflung ihr besonderes Augenmerk widmet. Dieser Kommission werden alle eintretenden Schäden gemeldet. Sie faßt diese nach Gruppen zusammen und prüft sie eingehend nach Ursache und Mitteln zur künftigen Vermeidung. Die Resultate der Prüfung werden gemeinsam mit den Turbinenfabriken verwertet. Im Einklang mit den von dieser Seite veröffentlichten Angaben lassen sich die an die Beschauflungen zu stellenden Anforderungen wie folgt zusammenfassen:

1. Reinheit des Gefüges und Homogenität des Querschnitts.
2. Keine hohen Eigenspannungen.
3. Genügende Festigkeit gegen die Beanspruchung durch Fliehkräfte und Biegungskräfte sowie Wasserschläge. Dauerfestigkeit.
4. Dauerfestigkeit gegen Schwingungen (Schwingungsfestigkeit).
5. Möglichst hohe Dauerstandfestigkeit bei höheren Temperaturen (Kriechfestigkeit).
6. Ausreichende Erosionsfestigkeit.
7. Ausreichende Korrosionsfestigkeit.
8. Keine Neigung zur Alterung.
9. Gute mechanische Verarbeitbarkeit.
10. Möglichst niedriger Preis.

1. Reinheit des Gefüges und Homogenität des Querschnitts.

Die erforderliche Reinheit des Gefüges ist bereits durch die Wahl des Rohmaterials zu erreichen. Die Rohmaterialerzeuger, in erster Linie die Edelstahlwerke, sind in der Lage, durchaus gleichmäßige Fabrikate zu liefern. Bei einfachen C-Stählen, wie sie wegen anderweitiger Inanspruchnahme verschiedener Metalle, wie Kupfer, Nickel und Chrom, während des Krieges verwendet werden mußten, ist in bezug auf

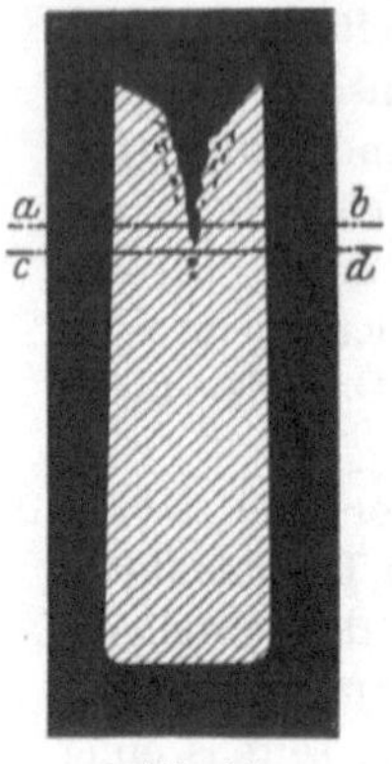

Verunreinigung, hauptsächlich durch Phosphor- und Schwefelgehalt, Vorsicht geboten. Wenn auch geringe Mengen dieser Elemente noch keinen allzu nachteiligen Einfluß ausüben, und ein Schwefelgehalt von 0,05% erfahrungsgemäß noch nicht schädlich wirkt, wird in der Regel 0,04% als höchste Grenze angesetzt, um Überschreitungen vorzubeugen. Bei Phosphor gilt höchstens 0,03% als zulässig. Zu berücksichtigen ist aber, daß Schwefel und Phosphor bei mechanischer Beanspruchung des Werkstückes hauptsächlich wegen der Begünstigung von Seigerungen schädlich wirken; sie gelten als weniger gefährlich, wenn sie gleichmäßig verteilt sind. Als Beweis dafür wird angegeben, daß Tiegelstähle, die häufig 0,04% S und 0,03% P enthalten, den Elektrostählen, die oft auf weit unter 0,02% S oder P raffiniert werden, in vielen Fällen überlegen sind.

Abb. 14.
Ungenügend
abgeschopfter
Stahlblock.

Erhebliche Verunreinigungen, auch wenn sie noch nicht zu Lunkern ausgeartet sind, beeinträchtigen die Dauerbruchfestigkeit und erhöhen

Abb. 15. Hohlraum
bei Nickelstahl-
schaufel.

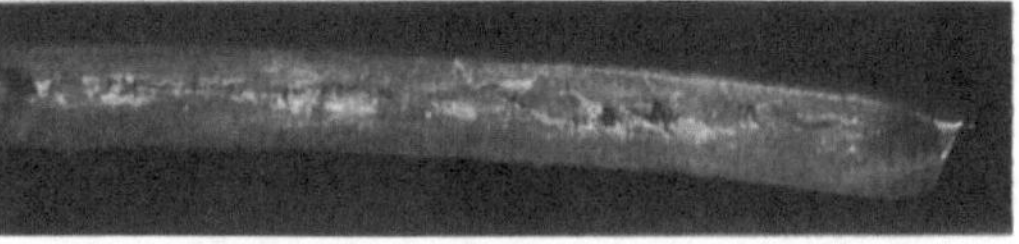

Abb. 16.   Hohlraum bei Messingschaufel.

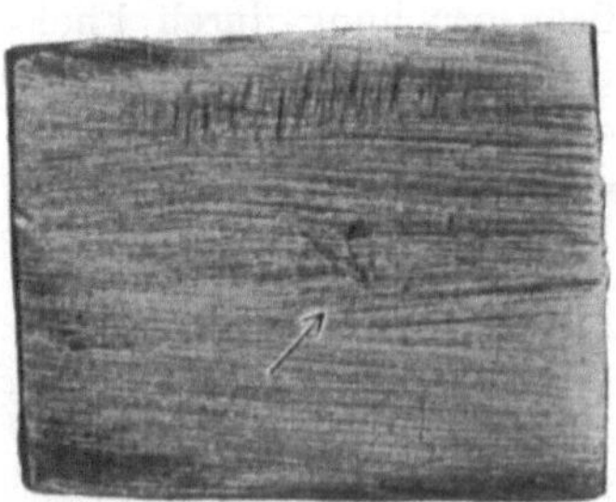

Abb. 17.   Hohlraum bei Monel-Material.

stets die Neigung zu Korrosion. Lunker können auch durch ungenügendes Abschopfen der Blöcke und Platinen vor dem Walzen entstanden sein (a—b oder c—d Abb. 14) und Gas- bzw. Sauerstoffseigerungen darstellen. Sie werden von den Weiterverarbeitungswerkstätten, den Ziehereien, ab und zu in Zwischenräumen von mehreren Jahren sowohl bei Stählen als auch bei Nichteisenlegierungen gefunden (s. Abb. 15—17). Ihre Erkennung und Ausscheidung ist bei der Verarbeitung zu Schaufelstangen im Zieh- und Kaltwalzverfahren sowie beim Fräsen der fertigen Schaufeln möglich und wichtig.

Neben der Reinheit des Gefüges ist auch hohe Gleichmäßigkeit und möglichst feines Korn erforderlich. Werkstoff mit grobkörnigem Gefüge ist wenig zäh und hat geringen Widerstand gegen Schwingungsbeanspruchung. Ungleichmäßigkeiten im Gefüge rühren meist von der Wärmebehandlung der einzelnen Schaufeln beim Schmieden, Pressen und Härten her (s. Abb. 111, S. 98).

Auf Walznähte, Schuppen und Abblätterungen, auch wenn sie auf die Festigkeitswerte von keinem besonderen Einfluß sein mögen, muß ebenfalls geachtet werden. Solche Stellen blättern manchmal im Betriebe auf, verursachen Dampfreibung und bilden Ansatzstellen für Schmutz und Rost.

2. Keine hohen Eigenspannungen.

Man ist gewohnt, bei dem Worte Eigenspannung sogleich an die wertvollen Untersuchungen und Feststellungen zu denken, über welche Heyn in einem Vortrage vor der Schiffsbautechnischen Gesellschaft berichtete[1]. Er führte aus, daß die an Messing durch starkes Herunterziehen hervorgerufenen Spannungen dazu führen können, daß auf diese Weise gezogenes Messing schon beim Eintauchen in Quecksilber aufplatzt. Dieselbe Wirkung stellte er auch bei plötzlichem Temperaturwechsel fest. Es wäre aber abwegig, aus diesen Feststellungen den Schluß zu ziehen, daß gezogenes Turbinenschaufelmessing mit 72% Cu und 28% Zn oder sogar schlechthin alles gezogene Material eine Gefahr bilde. Bei den Untersuchungen Heyns handelte es sich um hartgezogenes Messing der Legierung 58/42 (58% Cu, 42% Zn), also Bohr- und Drehqualität, und um Kondensatorröhren, deren Legierung mit etwa 68/32-Cu/Zn-Gehalt an sich härter ist und härter gezogen wird. Schaufelmessing 72/28 oder 70/30 wird aber überhaupt nicht so hart gezogen, daß es hohe Eigenspannung bekommt. Sein Ziehen bis zur mittleren Weichheit ist einer Vergütung von Stahl vergleichbar. Ohne Durchführung des sanften Ziehprozesses würde das Messing geglühtem Kupfer ähneln, das bekanntlich eine sehr niedrige Elastizitätsgrenze besitzt, so daß sie sich praktisch nicht von 0 unterscheidet.

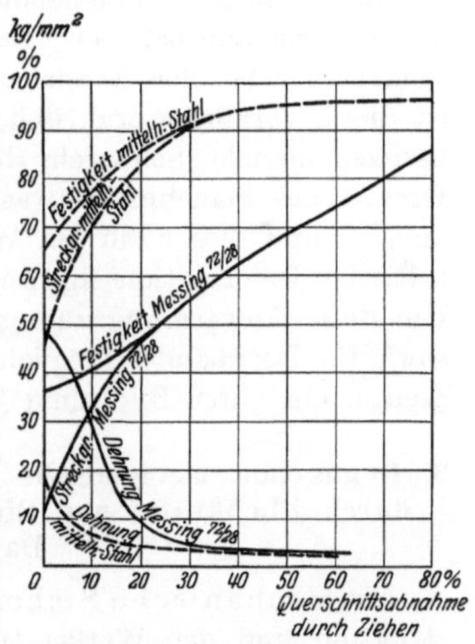

Abb. 18. Abnahme der Dehnung und Zunahme der Festigkeit durch Ziehen bei weichen und harten Werkstoffen.

---

[1] Jahrbuch der Schiffbautechn. Ges. 1913, S. 510. Berlin: Julius Springer.

Dagegen ähnelt das Hartwerden beim Ziehen von harten und mittelharten Stählen, sowie von Nickelbronzen eher dem von Messing Leg. 58/42, d. h. Streckgrenze und Festigkeit nehmen mit dem Grade des Herunterziehens sehr schnell zu und die Dehnung ab (s. Abb. 18). Schaufeln aus legiertem Stahl, die auf hohe Streckgrenze und geringe Dehnung kalt bearbeitet wurden, tragen den Keim zu baldigem Bruche in sich.

Es ergibt sich daraus die Notwendigkeit, daß diese Werkstoffe nach dem Fertigziehen eine thermische Behandlung erfahren. Durch diese kann jede Gefahr zu Brüchen, die durch Auslösung von Eigenspannungen entstehen könnten, vollkommen vermieden werden. Diese thermische Nachbehandlung von kalt bearbeitetem Schaufelmaterial ist seit etwa 1912 selbstverständlich geworden und dadurch ist auch der Abneigung gegen die durch Kaltbearbeitung hergestellten Profilstäbe der Boden entzogen.

Ein wunder Punkt bleibt die Vernietung der Deckbänder. Es wäre inkonsequent, die beim Nieten erzeugten inneren Spannungen unberücksichtigt zu lassen, und wohl jeder Betriebsmann kann sich daran erinnern, daß Nietköpfe im Betriebe ohne äußerlich erkennbare Ursache abfliegen. Eine nachträgliche Erwärmung der Nietköpfe würde diesen Übelstand beheben. Da jedoch die Einhaltung einer bestimmten Temperatur bei der Erwärmung durch die Lötflamme unmöglich ist, ist dieses Verfahren praktisch unzuverlässig und gefährlich. Außerdem besitzen manche Schaufeln die Neigung, ihre durch das Nietloch des Deckbandes manchmal etwas zwangsläufig hergestellte Lage zu verändern, und dies kann bei Werkstoffen, die kurz vor der Rotwärme kritische Deformationseigenschaften haben, zu Rißbildungen führen. Um diese Anwärmung zu umgehen, empfiehlt es sich, für Schaufeln sowie für Deckbänder möglichst Werkstoffe mit nicht zu hoher Streckgrenze und guter Bildsamkeit (reichliche Dehnung) zu verwenden.

3. Genügende mechanische Sicherheit gegen die Beanspruchung durch Fliehkräfte und Biegungskräfte sowie Wasserschläge; Dauerfestigkeit.

Die mechanische Sicherheit muß bei der Berechnung, der Konstruktion und der Werkstattausführung berücksichtigt werden. Bei der Berechnung ist jedoch nicht genau vorauszubestimmen, wie hoch die zulässige Grenze der aus Zug, Biegung, Schwingung und Erwärmung zusammengesetzten Beanspruchung für einen gewählten Werkstoff angenommen werden darf, und inwieweit die angenommene Sicherheit im Betriebe durch zufällig höhere Kräfteeinflüsse in Anspruch genommen wird. Da die Prüfmethoden, die neben Zug und Biegung auch Schwingung und Erwärmung berücksichtigen, für Schaufelmaterial noch nicht so weit ausgebildet wurden, daß sie im praktischen Betriebe verwendbar sind, werden in erster Linie die statischen Festigkeitswerte als Maßstab angenommen, also Streckgrenze, Festigkeit, Dehnung, Kerbzähigkeit.

Wenn gelegentlich darauf hingewiesen wird, daß bei der Konstruktion von Maschinenteilen, die wechselnden Belastungen ausgesetzt sind, noch bis vor kurzer Zeit lediglich mit Festigkeit und Dehnung gerechnet wurde, so dürfen die Schaufelkonstrukteure sagen, daß sie eine rühmliche Ausnahme bilden. Im Turbinenbau gilt von jeher die Regel, daß bei der Festigkeitsberechnung nicht von der Festigkeit, sondern von der Streckgrenze, der Belastung bei 0,2 % bleibender Dehnung ausgegangen wird, auf der Erkenntnis fußend, daß das rein elastische Gebiet, wo völlige Sicherheit gegen Festigkeits- oder Formänderung besteht, mit der Streckgrenze, nicht mit der Zerreißfestigkeit im Verhältnis steht.

Formänderungen über die Streckgrenze hinaus können nicht mehr rückgängig gemacht werden und sind der Beginn einer nach und nach eintretenden Zerstörung des Bauteils. Der Konstrukteur muß sich aber darüber klar sein, daß das rein elastische Gebiet noch nicht unmittelbar unterhalb der Streckgrenze beginnt. In der Gegend der Streckgrenzebelastung besteht keineswegs ein stabiles Gleichgewicht der Spannungskräfte, wie das Zerreißdiagramm zeigt, das Prüfstück befindet sich vielmehr bereits in einem Gebiete schleichender Deformation. Der Punkt der Streckgrenze ist nur ein willkürlich festgelegter, an welchem sich zwar eine gewisse kleine, aber merkliche Streckung deutlich markiert, die aber bereits in einem gekrümmten Teil der Spannungs-Dehnungs-Kurve liegt (Abb. 19).

Richtiger wird das rein elastische Gebiet nach oben zu gekennzeichnet durch die Elastizitätsgrenze. Als solche ist auf Grund internationaler Vereinbarungen (Kongreß des Internationalen Verbandes der Materialprüfung der Technik, Brüssel 1906) diejenige Spannung festgelegt, bis zu welcher ein Werkstoff praktisch als vollkommen elastisch angesehen werden kann, was man bei 0,001 % bleibender Dehnung annimmt.

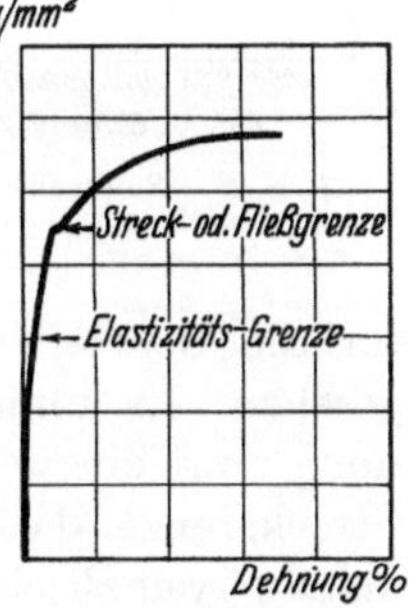

Abb. 19. Die Streckgrenze im üblichen Spannungs-Dehnungs-Diagramm.

Demnach wäre es wichtiger, bei Werkstoffprüfungen diesen Punkt zu bestimmen. Es ist jedoch zu langwierig für den praktischen Betrieb, den Punkt so kleiner, bleibender Dehnung festzustellen; daher wird die Streck- oder Fließgrenze, die sich bei den meisten Werkstoffen im Zerreißdiagramm gut markiert, zur Beurteilung des Werkstoffes benutzt und der Abstand zum rein elastischen Gebiet in Ermangelung objektiver Zahlen durch praktisch erprobte Sicherheiten überbrückt.

Immerhin ist es für den Konstrukteur von großer Wichtigkeit, über die Vorgänge im Gebiete der Elastizitätsgrenze und Streckgrenze möglichst gut orientiert zu sein. Er kann alsdann besser erkennen, wie die Beanspruchung, die er mit entsprechender Sicherheit auf Grund der Streckgrenzewerte festlegte, zum elastischen Gebiete liegt, bei welchem damit gerechnet werden kann, daß auch nach Monaten und Jahren die durch Spannungen formveränderten Bestandteile nach der Arbeitsleistung immer wieder ihre ursprüngliche Form annehmen.

Die Abb. 20 zeigt ein Feinmeßdiagramm[1]; Abb. 21 das übliche Spannungs-Dehnungs-Diagramm. In dem Feinmeßdiagramm stellt die Elastizitätsgrenze mit 0,001 % bleibender Dehnung bereits einen ansehnlichen Dehnungsbetrag dar, während sie im gewöhnlichen Zerreißdiagramm, in welchem die Dehnung in Prozenten meßbar ist, nicht zum Ausdruck kommt und daher völlig übersehen wird. Vom Standpunkt der Feinmessung wird daher die normale Feststellung der Streckgrenze, welche mit 0,2 % das Zweihundertfache des Dehnungswertes der Elastizitätsgrenze mit 0,001 % darstellt, als eine viel zu grobe und

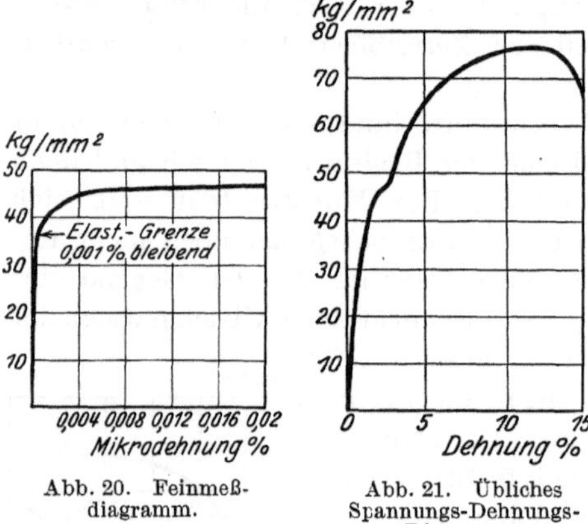

Abb. 20. Feinmeß-
diagramm.

Abb. 21.   Übliches
Spannungs-Dehnungs-
Diagramm.

für die Beurteilung eines Werkstoffes unzureichende Ermittlung angesehen. Es könnte eingewendet werden, daß 0,001 % bleibende Dehnung zwar ein weit kleinerer Meßbetrag ist als 0,2 % Dehnung an der Streckgrenze, daß diese Zahl uns aber nach heutiger Versuchsmethode keine physikalisch begründete Stoffeigenschaft angibt, sondern nur eine durch Vereinbarung festgelegte Kennziffer unter Duldung einer kleinen Verformung. Somit sei keine absolute Verläßlichkeit darauf, daß Belastungen unterhalb der Elastizitätsgrenze im rein elastischen Gebiete liegen. Das ist richtig; auch ist die Existenz einer absoluten, wahren Elastizitätsgrenze bislang noch viel umstritten, denn unter 0,001 % kommen wir in ein Gebiet unendlich klein bleibender Dehnungen, bei deren Feststellung schließlich auch die feinsten Meßinstrumente versagen. 0,001 % ist aber der kleinste, praktisch und einfach meßbare Wert, er kann als die für praktische Zwecke brauchbare Grenze angesehen werden, unterhalb der für beliebige, dauernde oder wechselnde und schwankende Belastungen keine Festigkeitsverminderung oder

<hr>

[1] G. Welter: Z. f. M. 1928, S. 51.

Gefügeveränderung und vor allem keine bleibende Formveränderung im Laufe der Zeit eintritt.

Für den praktischen Gebrauch wichtig ist das Verhältnis: Elastizitätsgrenze : Streckgrenze : Bruchfestigkeit.

Die Streckgrenze liegt je nach dem Zustande des Werkstoffes, ob geglüht, warmgewalzt, gehärtet, vergütet, gezogen oder gezogen und thermisch angelassen, in ganz verschiedenen Verhältnissen zur Bruchfestigkeit. Bei Weichstahl geglüht beträgt dieses Verhältnis etwa 40 bis 50%, gewalzt 50—60%. Bei 5proz. Nickelstahl sind die Verhältnisse ähnlich. Bei rostfreiem Stahl sind sie größer; in den vergüteten, gezogenen und angelassenen Zuständen liegt die Streckgrenze bei 70—80% der Zugfestigkeit. Die Streckgrenze von Messing beträgt in geglühtem Zustande 30%, in fertig gezogenem 80—90% der Festigkeit. Aber auch mit diesen Prozentsätzen allein läßt sich die Streckgrenzenlage noch nicht ermitteln, da die Höhe der Festigkeitszahlen je nach dem einen oder anderen der genannten Zustände bei demselben Werkstoffe verschieden ist. Es ist also nicht angängig, bei den Schaufelwerkstoffen schlechthin von bestimmten Streckgrenzen zu sprechen, ohne gleichzeitige Angabe des Zustandes des Werkstoffes.

Im allgemeinen läßt sich für die für Schaufelmaterial in Betracht kommenden Zustände, also unter Ausschaltung der weichgeglühten und der hartgezogenen sagen, daß folgende Verhältnisse bestehen:

Elastizitätsgrenze	0,4—0,6 der Bruchfestigkeit
Streckgrenze	0,6—0,7 „ „
Elastizitätsgrenze	0,6—0,8 „ Streckgrenze

In der letzten Reihe gilt die Zahl 0,6 mehr für weiche Werkstoffe mit hoher Dehnung, deren Zustand dem weichgeglühten näherkommt, die Zahl 0,8 hingegen mehr für härtere Werkstoffe, sowie bei Stahl für den vergüteten, bei Messing für den stärker gezogenen Zustand.

Neben der Mindeststreckgrenze wird stets auch auf die Mindestdehnung geachtet. Hohe Dehnung im Verein mit hoher Streckgrenze sind ein Kennzeichen zähen Werkstoffes, während beispielsweise ein Werkstoff mit nur 6—8% Dehnung bei etwa 55 kg/mm^2 Streckgrenze als spröde gilt. Es liegen Ergebnisse vor, wonach gezogene und nicht nachgeglühte Nickelstahlschaufeln mit den genannten Werten schon nach kurzer Betriebsdauer brachen, während gezogene und auf Werte mit nur etwa 45 kg/mm^2 Streckgrenze, aber 18% Dehnung nachgeglühte Schaufeln jahrelang standhalten. Die Dehnung spielt eine besondere Rolle bei der im Abschnitt III, 4 näher besprochenen schwingenden Bewegung im Dauerbetriebe. Sie ist auch ein Schutz gegen Einreißen und Abbrechen der Schaufeln an den Fehlstellen, wie Oberflächenbeschädigungen oder scharfen Übergängen. Bei einem Bau-

stoffteil, wie Schaufeln, der durch Schwingungen rein elastische Formänderungen auszuführen hat, steigt die Spannung an einer solchen Fehl-
stelle auf ein Mehrfaches des Betrages an, den die gleiche Stelle aufweist, wenn keine Beschädigung vorläge. Mit diesen Verhältnissen
muß man rechnen, da kleine, markierte Stellen auch im besten Werkstoff und bei bester Verarbeitung unvermeidlich sind. Wenn nun der
Schaufelbaustoff neben der elastischen Formänderung plastische Verformungsanteile ausführen kann, dann sind die vorher genannten
Spannungsanstiege nicht so gefährlich. Bei guter Zähigkeit, also
auch hoher Dehnung, kann er die plastischen Verformungsanteile in
beliebig häufigem Wechsel aushalten. Wie oben gesagt, gilt $18\,^0/_0$ (bei
$l = 11{,}3 \cdot \sqrt[3]{Q}$) als guter Dehnungswert, $15\,^0/_0$ als Mindestwert.

Inwieweit es dabei von Einfluß ist, ob bei Stahl die Härte vor dem
Anlassen durch Kaltbearbeitung oder durch thermische Härtung
erzeugt war, so daß schließlich bei Vorhandensein gleicher Streckgrenzen
bei dem thermisch gehärteten Werkstück mit der noch zulässigen
Dehnung etwas heruntergegangen werden darf, ohne an Zähigkeit und
Schwingungsfestigkeit einzubüßen, ist nicht ohne Bedeutung und wird
noch näher zu untersuchen sein.

Dauerfestigkeit. Die Werte für Elastizitätsgrenze, Festigkeit
und Dehnung werden üblicherweise im normalen Zerreißversuche von
kurzer Dauer festgestellt. Die auf diese Weise gefundenen Werte
werden der Konstruktion zugrunde gelegt. Der Konstrukteur hat
wiederum zu beachten, daß eine solche kurzzeitige Prüfung den Verhältnissen im Betriebe nicht entspricht. Der gewaltsame Zerreißvorgang
auf der Prüfmaschine wickelt sich innerhalb weniger Minuten oder gar
Sekunden ab, im Betriebe aber befindet sich die Schaufel unter Dauerbelastung.

Viele Versuche haben nun gezeigt, daß im Prüfverfahren von kurzer
Dauer die Streckgrenze- und Festigkeitswerte höher ausfallen als bei
Prüfungen von langer Dauer. Man muß daher beachten, daß der
Schaufel bei der Dauerbeanspruchung im Betriebe die bei der Kurz-
prüfung ermittelte Belastung an der Streckgrenze bei weitem nicht
zugemutet werden darf. Der Streckgrenzepunkt liegt, wie oben bereits
erwähnt, bei langer Prüfdauer oder Dauerbeanspruchung in dem Gebiete einer schleichenden Deformation des Baustückes. Diese schreitet
fort, wenn das Stück dauernden oder gar wechselnden Belastungen
ausgesetzt ist.

Welter stellte an Metallen und Aluminiumlegierungen durch Versuche fest[1], daß bei ruhender Dauerbelastung $10\,^0/_0$ unterhalb der nach
üblichem Verfahren ermittelten Bruchgrenze bereits nach wenigen
Stunden oder Tagen ein Bruch eintrat (s. Abb. 22). Noch überraschender

---

[1] G. Welter: Z. f. M. 1928, S. 51.

war bei diesen Werkstoffen die Feststellung, daß manche Stäbe sogar bei wesentlich niedrigerer Beanspruchung, nämlich 10—20% unterhalb der Streckgrenze (0,2% bleibende Meßlänge), brachen (Abb. 23).

Dagegen ergaben die gleichen Dauerversuche mit den gleichen Werkstoffen bei einer Belastung an der Elastizitätsgrenze (0,001% bleibende Dehnung) von der ersten Stunde an keine Längenänderung. Die Belastungszeitkurve nimmt einen völlig wagerechten Verlauf, und selbst nach einem Jahre hatte sich noch keine Veränderung der Länge eingestellt (Abb. 24). Von den Belastungen, die zwischen Elastizitäts- und Streckgrenze liegen, kann nach den heutigen Erfahrungen gesagt werden, daß die bei Belastungen kurz über der Elastizitätsgrenze infolge der Verfestigung anfangs auftretenden Dehnungen bald zur Ruhe kommen, jedoch um so später, je stärker die Dauerbelastung ist, bis schließlich ein schleichendes Dehnen eintritt, wie es die σ_S-Kurve zeigt. Solche Zwischendauerbelastungen sind in Abb. 24 schematisch eingetragen.

Leider erstrecken sich die bisherigen Feststellungen nur auf wenige Werkstoffe, die noch dazu als Turbinenschaufelmaterial wenig oder gar nicht in Frage kommen. Die Ausdehnung der Versuche auf alle Schaufelwerkstoffe, auf die verschiedenen Profilformen und Arten der Ausführung und die verschiedenen, durch geänderte Vergütungstemperaturen erzielten Streckgrenzewerte usw. dürfte manche wertvollen Aufschlüsse geben.

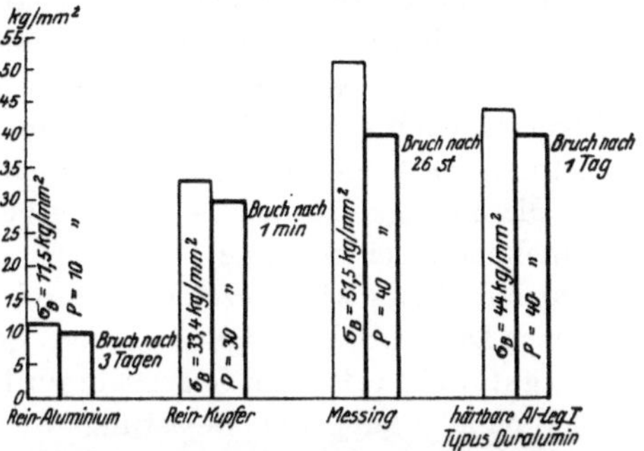

Abb. 22. Statische Dauerbelastung von Metallen und Legierungen. Bruch etwa 10% unterhalb der Bruchfestigkeit (σ_B).

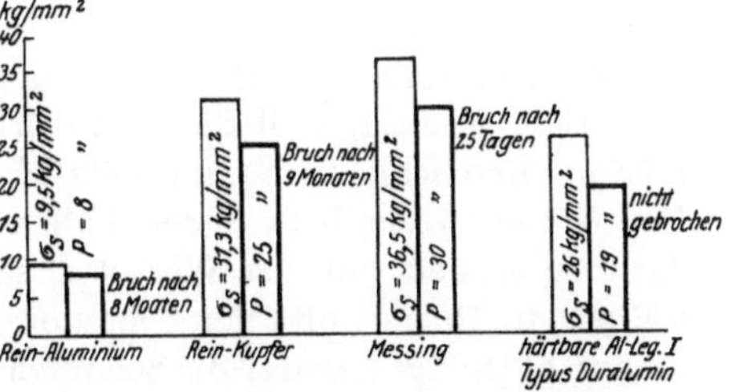

Abb. 23. Statische Dauerbelastung von Metallen und Legierungen. Bruch etwa 10% unterhalb der Streckgrenze (σ_S).

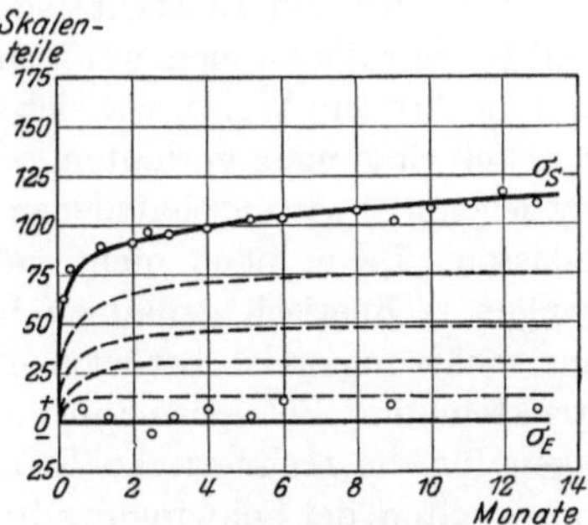

Abb. 24. Feinmeßversuch an der Streckgrenze und an der Elastizitätsgrenze unter statischer Dauerlast (Messing).

4. Dauerfestigkeit gegen Schwingungen, Schwingungsfestigkeit.

Durch das Vorbeistreichen einer mit dem Rotor rotierenden Schaufel an den sich aus den Düsen ergießenden Dampfstrahlen, die ihre Wirkung in einem gewissen Rhythmus äußern, entstehen Schwingungen, Eigenschwingungen. Ferner ergeben sich durch die Schwingungen des Rotors, des Gehäuses oder Fundamentes Resonanzschwingungen.

Die Festigkeit einer Schaufel gegen die andauernde, schwingende, manchmal gleichmäßige, oft aber auch wechselnde und stoßweise Beanspruchung wird bezeichnet durch den Ausdruck „Dauerfestigkeit" oder „Dauerbruchfestigkeit gegen Schwingungen", kurz „Schwingungsfestigkeit", im Gegensatz zur Dauerbruchfestigkeit bei ruhender oder nahezu ruhender Belastung.

Bei einer Schaufel wirken meist beide gemeinsam, indem die vorhandenen, durch Zentrifugalkraft und die Wirkung des Dampfstrahles hervorgerufenen Zug- und Biegungsbeanspruchungen gewissermaßen von den Schwingungsbeanspruchungen überlagert werden.

Die Kenntnis der Beanspruchung durch Schwingung ist außerordentlich wichtig, weil diese Einwirkung in manchen Fällen zur Ermüdung und schließlich zum plötzlichen Bruche des Werkstoffes führt. Der Grund, weshalb in diesen Fällen Ermüdung eintritt, ist entweder darin zu suchen, daß der Werkstoff selbst, der durch die Konstruktion festgelegte Querschnitt der Schaufel oder ihre Befestigung in der Turbine nicht genügen, so daß die Schaufeln gegen die auftretenden dauernden Schwingungen nicht widerstandsfähig genug sind oder daß die Schwingungen das zulässige Maß überschreiten und das Werkstück oft oder dauernd über die Elastizitätsgrenze hinaus beanspruchen. Für jeden Fall ist es ratsam, sich wenigstens über das Wesen der Schwingungen und die Art und Weise, wie sich die verschiedenen Werkstoffe gegenüber den Schwingungen verhalten, so weit klar zu werden, als die bis jetzt vorliegenden wissenschaftlichen und praktischen Untersuchungen dies zulassen. Da es noch nicht möglich ist, die Einwirkung der Schwingungen rechnerisch genau zu bestimmen, kann vorläufig der Einfluß nur schätzungsweise berücksichtigt werden. Um so mehr stehen Konstrukteur und Betriebsmann vor der Aufgabe, immer genauere Grundlagen für die rechnerische Erfassung durch Bestimmung der Schwingungsweiten, der Schwingungsfrequenz und der so gefährlichen Resonanz zu ermitteln. In letzter Zeit sind auch technische Verbände dazu übergegangen, durch fachmännische Aussprachen über die auf diesem Gebiete neu einsetzenden wissenschaftlichen und praktischen Forschungen ihre bisher gewonnenen Erkenntnisse über das Wesen der Schwingungsbrüche der Metalle zu fördern und in weitere Kreise zu tragen. Es bleibt zu erwarten, daß die an verschiedenen Stellen aufgenommenen Untersuchungen den Erfolg haben werden, daß späterhin den Konstrukteuren genauere Berechnungsgrundlagen zur Verfügung stehen, so daß die Festlegung aller Abmessungen für die Beschauflung ohne ein Gefühl der Unsicherheit möglich ist.

Die Beobachtung, daß die statische Prüfung der den Schwingungen ausgesetzten Bauteile durch Zugversuch gar nicht die wirklich maßgebenden Eigenschaftswerte für die Verwendung der Werkstoffe aufdeckt, wurde bereits Mitte vorigen Jahrhunderts gemacht. Am bekanntesten sind die Untersuchungen von Wöhler, der auf eigens dazu gebauten Prüfmaschinen exakte Versuche über das Verhalten der Werkstoffe bei häufig wiederholter und wechselnder Beanspruchung anstellte. Die Wöhlersche Prüfmethode besteht darin, daß etwa 10 gleiche Probestäbe aus dem zu untersuchenden Werkstoff einer Wechsellast ausgesetzt werden, deren Amplitude zunächst möglichst so geschätzt oder etwa nach der Stribeckschen Formel errechnet ist, daß sie höher als die Ermüdungsgrenze liegt (Stribeck gibt als Dauerbruchfestigkeit gegen Schwingungen für spannungsfreie Werkstoffe an:

$$\sigma_D = \frac{\text{Streckgrenze } \sigma_S + \text{Bruchfestigkeit } \sigma_Z}{2} \times 0{,}57 .$$

Diese Formel gibt aber nur für geglühte Werkstoffe verhältnismäßig richtige Werte, dagegen unzutreffende für vergütete Stähle sowie Nichteisenmetalle.) Die ermittelte Anzahl Lastwechsel bis zum Bruch wird in einem metrischen Koordinatensystem eingetragen (Abb. 25).

In dieser Weise verfährt man mit den 10 Stäben, indem man die Lastwechselamplituden systematisch niedriger oder höher wählt und jeweils bis zum Bruche schwingen läßt. Die gefundenen Werte ergeben eine Kurve, deren un-

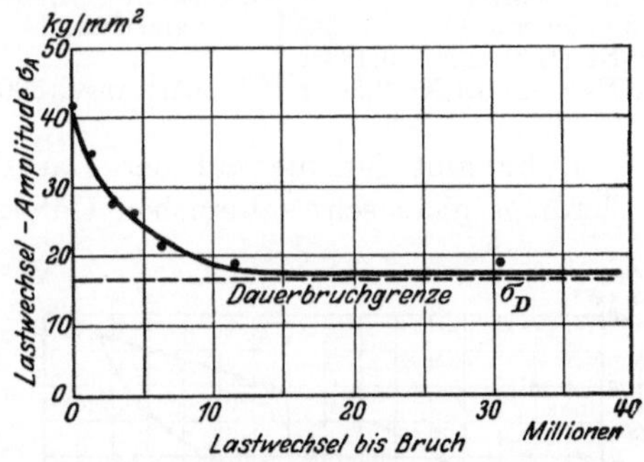

Abb. 25. Lastwechselkurve im metrischen Koordinatensystem.

terer Zweig diejenige Belastung darstellt, bei welcher der Stab die meisten Schwingungen aushält und schließlich auch nach vielen Millionen Lastwechseln nicht mehr zum Bruch zu bringen ist. Diese Belastung σ_D stellt die Dauerbruchgrenze gegen Schwingungen, die Schwingungsfestigkeit, dar.

Die Zahl der Schwingungswechsel einer Schaufel kann um so größer sein, je niedriger die Beanspruchung ist. Erst wenn diese eine bestimmte Höhe nicht überschreitet, wenn sie unter der Schwingungsfestigkeit liegen, erträgt der Werkstoff eine beliebige, praktisch unendlich große Zahl von Belastungswechseln.

Nach Wöhler haben sich die zulässigen Beanspruchungen für ruhende, schwellende (nur nach einer Seite schwingende) und schwingende (nach beiden Seiten) Belastung wie $3:2:1$ verhalten, also bei weichem Flußstahl St. 37 wie $9:6:3\ \mathrm{kg/mm^2}$.

Nach Versuchen von Bauschinger stehen diese Größen etwa im Verhältnis $2:(1,0{-}1,2):1$. Somit läge die Schwingungsfestigkeit in etwa gleicher Höhe wie die Elastizitätsgrenze, die oben mit $0,4{-}0,6$ der Bruchfestigkeit bzw. $0,6{-}0,8$ der Streckgrenze angegeben wurde.

Zahlentafel 1. Dauerbiegefestigkeit bei leichter Oberflächenverletzung und 3000 Lastwechsel/min.

Werkstoff	Untersuchungszustand	Statische Werte			Dauer-festigkeit σ_D	Hysterisis H	Oberflächen-empfindlich-keit
		Streck-grenze σ_S	Zug-festig-keit σ_Z	Deh-nung			
		kg/mm²	kg/mm²	%	kg/mm²		%
C-Stahl 0,36 C	Walzzustand	34,3	52,0	25,0	23,0	0	4,3
„ 0,36 C	„	32,0	47,0	22,0	23,0	0,31	0
„ 0,41 C	„	40,0	62,5	23,0	27,0	0,36	0
„ 0,50 C	„	45,0	61,0	19,5	30,0	0,98	0
„ 0,54 C	„	44,5	63,5	18,3	34,0	0,18	5,9
„ 0,67 C	Öl gehärt. angel. 500°	75,4	100,9	8,1	54,0	0	24,1
3,3 % Ni-Stahl	Walzzustand	48,5	60,0	15,0	38,0	0,11	13,2
Cr-Ni-Stahl 2 Ni, 0,48 Cr	„	46,0	63,0	17,0	34,0	0	17,6
Cr-Ni-Stahl 3,1 Ni, 0,56 Cr	Öl gehärt. angel. 590°	87,0	96,7	11,4	44,0	0	25,0

Lehr gibt für die auf der Dauerbiegemaschine durchgeführten, allerdings nicht sehr zahlreichen Untersuchungen, die in Zahlentafel 1 zusammengestellten Zahlen von Dauerbiegefestigkeiten an[1]. Danach beträgt die Dauerbiegefestigkeit etwa $0,5{-}0,6$ der Zerreißfestigkeit bzw. $0,6{-}0,8$ der Streckgrenze. Es besteht also Übereinstimmung mit den von Bauschinger angegebenen Verhältniszahlen. Auffällig ist die geringe Empfindlichkeit der weichen Kohlenstoffstähle bei den Proben 1—5 der Zahlentafel 1 gegen Oberflächenverletzung, was auf den Anteil von plastischer Verformungsarbeit bei Spannungsanstieg an der Kerbstelle infolge hoher

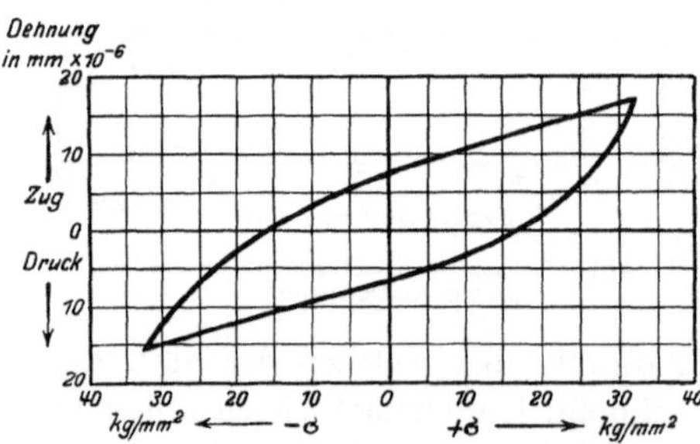

Abb. 26. Hysteresisschleife, aufgenommen unter Zug-Druck-Belastung.

[1] E. Lehr: Z. f. M. Dauerbruchheft. Februar 1928, S. 78.

Dehnung zurückzuführen ist, wie bereits im vorhergehenden Abschnitt unter „Dehnung" dargelegt wurde. Im Zusammenhang mit dieser Tatsache steht die Größe des bei den Versuchen festgestellten Hysteresiskoeffizienten, der, ähnlich wie bei der magnetischen Hysteresis, die bei der Verformung geleistete innere plastische Arbeit wiedergibt (Dämpfung). Je größer der Inhalt der durch die Hysteresisschleifen gebildeten Figur (Abb. 26), um so mehr kann der Werkstoff bei Schwingung plastische Formänderungsarbeit leisten. Durch Vergütung der Stähle wird ihre Oberflächenempfindlichkeit, die bei den Proben 1—5 im Walzzustande höchstens 5,9 % beträgt, erheblich vergrößert. Bei der Probe 6, einem vergüteten C-Stahle, ist sie auf 24,1 % gestiegen.

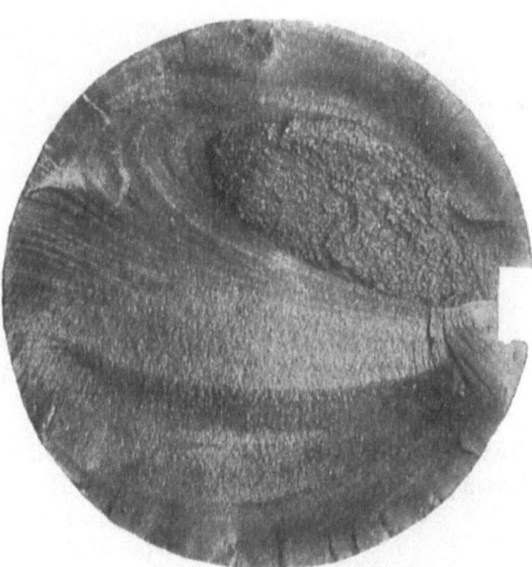

Abb. 27. Dauerbruch einer Lokomotivtreibkurbel.

Wenn auch diese Zahlen noch kein abschließendes Urteil über die Schwingungsfestigkeiten geben und eine direkte Anwendung für Schaufeln auch deshalb nicht möglich ist, weil es sich um runde Probestäbe bei rotierenden Bewegungen handelt, während bei Schaufeln die Form sehr unsymmetrisch und die Bewegung rein schwingend ist, so ermöglichen sie doch einen Vergleich von Stählen untereinander bei verschiedenen Zuständen und Legierungen.

Der Schwingungsbruch geht ohne merkliche Verformung, ohne jede Einschnürung und ohne nennenswerte Kornveränderung vor sich, sein

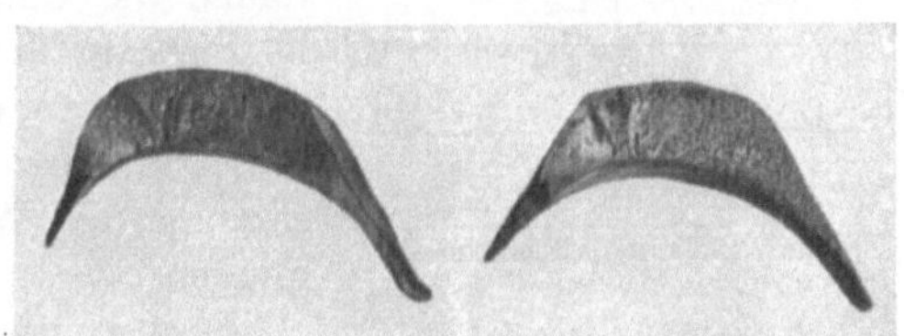

Abb. 28. Schwingungsbrüche (im Betriebe erfolgt).

allmähliches Fortschreiten ist an stärkeren Bauteilen, wie Achsen, durch konzentrische Kurven, ähnlich den Jahresringen der Bäume, auf den Bruchflächen nachträglich zu erkennen (Abb. 27), während bei Schaufeln diese Ringe seltener beobachtet wurden. Abb. 28 z. B. läßt keine Ringe erkennen, in Abb. 29 und 30 dagegen sind sie ziemlich gut ausgeprägt.

Wie oben erwähnt, nimmt erfahrungsgemäß der Schwingungsbruch seinen Ausgang von irgendeiner Verletzung der Oberfläche. Ritters-

Abb. 29. Schwingungsbruch (im Betriebe erfolgt).

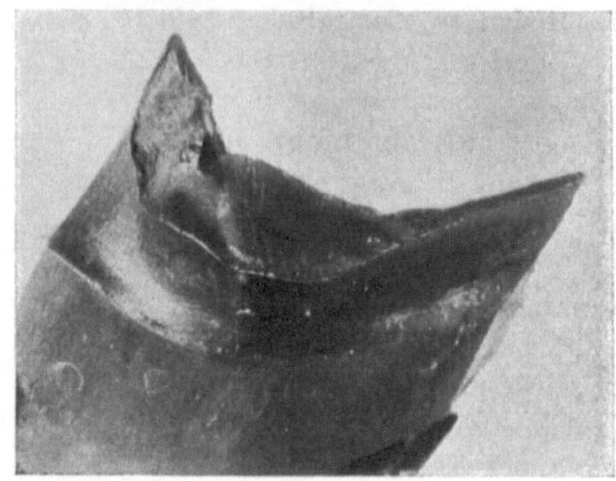

Abb. 30. Bruchstelle der Schaufel von Abb. 29.

hausen und Fischer[1] stellten fest, daß von runden Proben, die Dauerbeanspruchungen ausgesetzt wurden, diejenigen mit spitzen Kerben

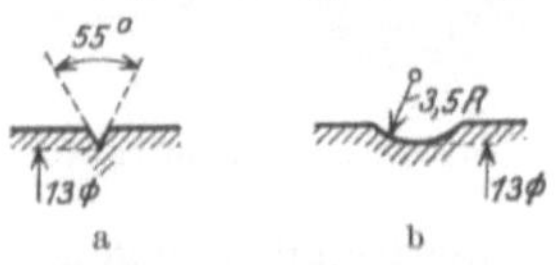

Abb. 31 a u. b. Spitzkerb und Rundkerb bei Dauerschlagversuchen.

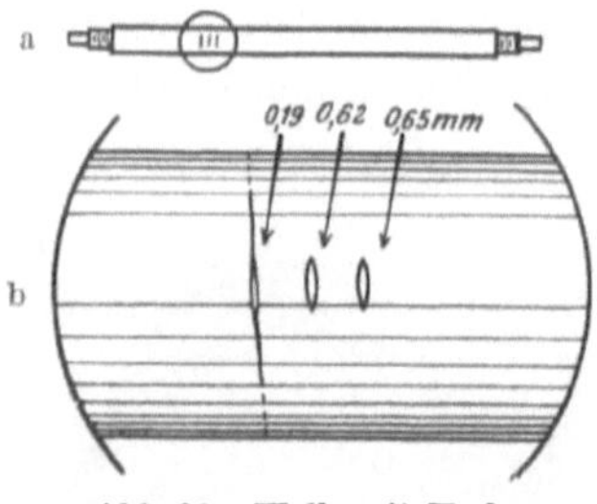

Abb. 32. Welle mit Kerben.
a Vor Schwingungsbeanspruchung.
b Natürliche Größe der in a eingekreisten Stelle nach Schwingungsbruch.

nur etwa 30% der Dauerschläge ertrugen, wie diejenigen mit Rundkerb (Abb. 31). Schon das Einritzen mit Reißnadel verursachte eine Abnahme der Schlagzahlen um 23—45%.

Zu gleichem Ergebnis kamen Versuche, die das Ziel hatten, für verschiedene Möglichkeiten der Ausführung der Schaufelkanten und Ausführung der Schaufeloberfläche die Lebensdauer der Schaufeln zu bestimmen. Schaufeln mit sorgfältig gerundeten Kanten, aber geritzt mit einer Rasiermesserklinge zeigten eine merkliche Herabsetzung des Widerstandes gegen Schwingungen[2].

Ebenso überzeugend waren Ergebnisse von Schwingungsversuchen an Wellen mit verschieden tiefen Meißelkerben (0,19, 0,62 und 0,65 mm), von denen der am wenigsten tiefe (0,19 mm) mittels einer Schnur und feinen Schmirgels quer zur Längsachse um nur $^1/_{100}$ mm tiefer ausgerieben wurde. Nach-

---

[1] Rittershausen u. Fischer: Krupp-Mitt. 1920, Juni, S. 102.
[2] Arnoschenko, B.: Power 1928, 9. Oktober.

dem die Welle einer hohen Anzahl Drehschwingungen ausgesetzt worden war, wurde sie auf einer Zerreißmaschine vollends zerrissen. Der Bruch erfolgte an der am wenigsten tiefen aber quer ausgeriebenen Kerbe[1] (Abb. 32).

Nach diesen und anderen Feststellungen ist damit zu rechnen, daß die Abnahme der Schwingungsfestigkeit durch geringfügige Oberflächenverletzung bis 50% und mehr beträgt. Infolgedessen ist es nicht gleichgültig, ob die Oberfläche der fertigen Schaufel im Walz- oder Ziehverfahren oder durch Fräsen, Schlichten und Polieren hergestellt ist. Zweifellos ist die Glättung der Unebenheiten in der Längsrichtung bei

Abb. 33. Oberfläche eines gefrästen Werkstückes.

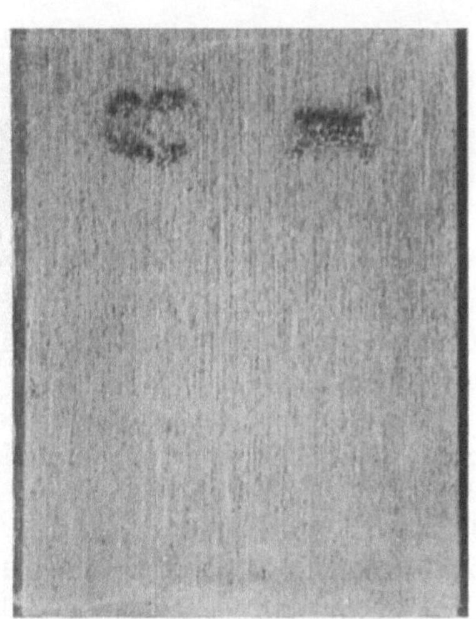

Abb. 34. Durch Beizen zum Vorschein gekommene Spuren von Kaltbearbeitung auf nichtrostendem Stahl.

sachgemäßem Walz- und Ziehverfahren für die spätere Schwingungsbeanspruchung günstiger, als die Fräsmethode mit etwaigen Furchen und Schleifriefen in der Querrichtung. Abb. 33 zeigt die stark riefige Oberfläche eines gefrästen Werkstückes aus rostsicherem Stahl, Abb. 34 ein Stück aus gleichem Werkstoff, an welchem durch Ätzen vorher eingeschlagene Zahlen wieder erkennbar wurden, obgleich sie vorher bis auf den Grund weggeschliffen und die Stellen nachpoliert worden waren[2]. Abb. 35 bringt die Furchen an einer im Betriebe gerosteten und durch Dauerbruch gebrochenen Schaufel, die nach dem Urteil eines Materialprüfungsamtes als Spuren der Fräs- und Schleifbearbeitung anzusehen sind[3]. Solche Spuren mechanischer Bearbeitung

---

[1] W. Zander: Metallwirtschaft 1929, S. 29.

[2] Monypenny-Schäfer: Rostfreie Stähle. Berlin: Julius Springer 1928.

[3] V. d. E.-W. 1927, Sonderheft, Vortrag Ph. Reuter.

sind offenbar von sehr nachteiligem Einfluß auf die Haltbarkeit des Stückes. Anderseits bietet das Ziehen und Walzen auch Gefahren, die im Abschnitt „Erfahrungen bei Herstellung der Profilstäbe" behandelt werden, s. S. 88.

Abb. 35. Korrodierte Nickelstahlschaufel mit Spuren der früheren Schleifbearbeitung.

Je höher die natürliche Streckgrenze des Werkstoffes ist, um so höher ist seine Schwingungsfestigkeit; in gleicher Weise steigert sich aber die Empfindlichkeit gegen Oberflächenverletzungen. Darum ist bei legierten Stählen und besonders bei hochvergüteten Stücken nicht nur bei der Konstruktion, sondern auch bei der Bearbeitung in der Werkstatt besonders darauf zu achten, daß die Oberfläche frei von Verletzungen, schroffen Querschnittsübergängen und scharfen Kanten an den Einkerbungen der Befestigungsfüße ist.

Die minutliche Schwingungsfrequenz ist nach Versuchen von Lehr ohne Einfluß auf die Schwingungsfestigkeit; demnach kann unbedenklich bei Versuchen zur Abkürzung des Verfahrens die höchste minutliche Lastwechselzahl gewählt und das gefundene Resultat auf beliebige Betriebsfrequenzen übertragen werden.

Für die wichtige Frage nach dem für die jeweilige Schwingungsbeanspruchung zu wählenden Werkstoffe lassen sich nach den obigen Darlegungen und in Übereinstimmung mit den Beobachtungen an verschiedenen Stellen[1] folgende Ratschläge geben: Bei Schwingungen, die sich in den unteren Grenzen der zulässigen Beanspruchung bewegen, kann ein etwas härterer Werkstoff, also ein solcher von hoher Elastizitätsgrenze gewählt werden (d. i. hoher C-Gehalt, Vergütung auf hohe Streckgrenze, natürliche hohe Härte, wie z. B. V 1 M). Die Forderung nach Zähigkeit kann also zurücktreten. Sind aber weitgehende Beanspruchungen an der oberen Grenze der Elastizität zu erwarten, so ist auf große innere Zähigkeit Wert zu legen, und es ist ein Werkstoff von weniger hoher Härte, also ein mehr plastischer vorzuziehen. In solchen Fällen eignen sich also legierte Stähle, die bei Vergütung auf größere Dehnung auf Kosten der Streckgrenze, also bei höherer Temperatur angelassen sind. Ferner Werkstoffe mit hoher natürlicher Dehnung und Zähigkeit, wie z. B. Monelmetall.

---

[1] J. Czochralski u. E. Henkel: Z. d. M. 1928, S. 61.

Zur Bekämpfung der Schwingungen werden Versteifungen verwendet, die entweder aus aufgenieteten Deckbändern oder aus durch die Schaufeln gezogenen und mit ihnen verlöteten Drähten bestehen. Die Vorzüge und Nachteile der beiden Verfahren wurden schon 1916 in der Schiffbautechnischen Gesellschaft gelegentlich eines Vortrages von Roth eingehend erörtert, ohne daß eine klare Stellungnahme zum einen oder anderen erzielt wurde. Die Marine hat sich von jeher zu einem Befürworter der Drahtversteifung für dünne Schaufeln, insbesondere die Parsons-Reihen, bekannt. Bei Gleichdruckschaufeln werden ausschließlich aufgenietete Deckbänder verwendet.

Zusammenfassend ergeben sich zur wirksamen Verhinderung von Schwingungsbrüchen folgende Richtlinien:

Rechnerische und praktische Feststellung der Größe und Art der Schwingungsbeanspruchung.

Einschränkung der Schwingungen durch Versteifungen und durch genügend kräftige Schaufelformen.

Möglichst stabile Einspannung am Fuße in tangentialer und axialer Richtung.

Keine scharfen Übergänge und keine scharfen Kanten an Einschnürungen der Fußpartie.

Gesunder Querschnitt ohne Lunker und Fehlstellen (auch keine Verletzung durch Korrosion).

Glatte Oberfläche ohne Querrisse oder Spuren von solchen.

Wahl des für jeden Zweck geeignetsten Werkstoffes.

5. Dauerstandfestigkeit bei erhöhten Temperaturen, Kriechfestigkeit.

Durch Verwendung von Hochdruckdampf und hoher Überhitzung gewinnt die Frage immer mehr Bedeutung, wie sich die mechanischen Eigenschaften der Baustoffe unter dem Temperatureinfluß verändern. Als einziger Maßstab dienten hierfür bisher Warmzerreißproben, die zunächst etwa in der gleichen Weise wie bei Raumtemperatur ausgeführt wurden.

Im allgemeinen zeigen solche Versuche, daß die Streckgrenze und die Festigkeit mit zunehmender Temperatur allmählich geringere Werte annehmen, während die Dehnung steigt. Der C-Stahl weist jedoch ein abweichendes Verhalten auf, indem zwar die Streckgrenze allmählich abfällt, aber die Zugfestigkeit, welche anfangs auch nachgelassen hat, bei etwa 100° wieder ansteigt bis zu einem Höchstwert bei etwa 300°. Erst von da nimmt sie wieder allmählich ab (Abb. 36)[1].

Bald wurde erkannt, daß die Geschwindigkeit, mit der die Warmzerreißprüfung vorgenommen wird, wesentlichen Einfluß auf die

---

[1] F. Körber: Z. f. M. 1928, S. 45.

zu erzielenden Festigkeitswerte hat, so daß die Ergebnisse, die im Normalwarmzerreißversuch festgestellt werden, als Berechnungsgrundlage für die Konstruktion nicht genügen.

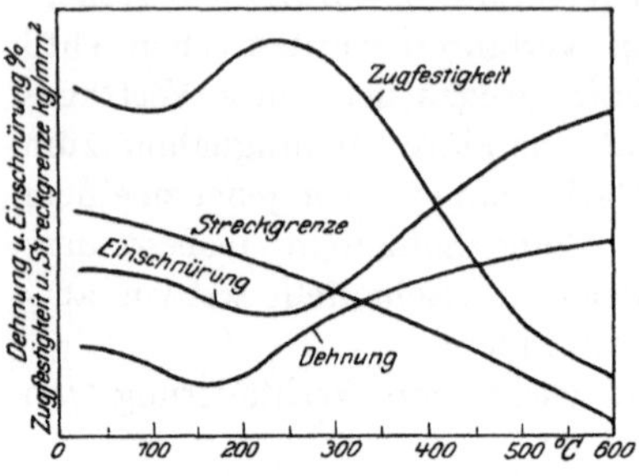

Abb. 36.   Festigkeitseigenschaften von C-Stahl in Abhängigkeit von der Temperatur (schematisch).

Durch planmäßige Untersuchungen wurde einwandfrei ermittelt, daß bei Warmzerreißproben von längerer Dauer und höheren Temperaturen, bei Stahl etwa von 300⁰ an, ein sog. „Kriechen" eintritt, auch wenn erheblich unterhalb der nach allgemeinen Begriffen als Beginn bleibender Streckung geltenden Streck- oder Fließgrenze belastet wird. Bei genügend langer Dauer kann sogar durch diese geringe Belastung der Bruch eintreten. Aus diesen Untersuchungen ist man zur Erkenntnis einer neuen Grenzlinie gekommen, die durch die Belastungen bestimmt wird, unterhalb welcher kein Kriechen festgestellt werden kann, während bei oberhalb davon liegenden Belastungen die Dehnung der Probe nicht mehr zum Stillstand kommt. Diese Grenze wird als Kriechgrenze oder Dauerstandfestigkeit bezeichnet.

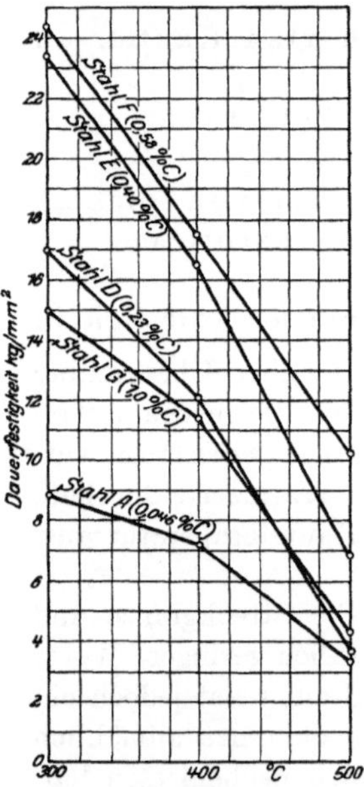

Die Feststellung der Dauerstandfestigkeit oder Kriechgrenze ist außerordentlich zeitraubend, so daß ihre Anwendung im normalen Prüfverfahren nicht angängig ist. Erst in neuerer Zeit sind Methoden entwickelt worden, welche die Feststellung der Dauerstandfestigkeit eines Werkstoffes innerhalb nur zweier Tage ermöglichen. Abb. 37 zeigt den Verlauf der Kriechgrenze oder Dauerstandfestigkeit einiger Kohlenstoffstähle bei Temperaturen zwischen 300 und 500⁰ C. Der starke Abfall in diesem Temperaturgebiete tritt mit aller Deutlichkeit hervor.

Abb. 37.   Dauerstandfestigkeit von geglühtem Stahl in der Wärme.

Als Berechnungsgrundlage für den Konstrukteur können die bis jetzt ermittelten wenigen Werte noch nicht dienen, und es bleibt weiteren Feststellungen auch bei anderen Werkstoffen vorbehalten, für die Praxis verwendbare Ziffern zu schaffen. Nach den bisherigen Ergebnissen liegt bis 300⁰ die Dauerstandfestigkeit meist in der Nähe der Streckgrenze, bei 500⁰ hingegen liegt sie unterhalb der Beanspruchungsgrenze, die bleibende Längenzunahme von 0,01 % hervorruft. Daher die Bezeichnung 0,01 %-Grenze. Bis 300⁰ scheint hiermit die 0,2 %-Grenze die geeignete Berechnungsgrundlage für Konstruktionsteile aus Stahl, die Dauerbelastungen ausgesetzt sind, darzustellen, während bei 500⁰ noch weit unter dieser Grenze, sogar unter der 0,01 %-Grenze dauernd fortschreitende Formveränderungen zu erwarten sind, die unter Umständen zum Bruch führen können.

Vorläufig muß man sich zur Ermittlung der Dauerstandfestigkeit so behelfen, daß man die im normalen Zerreißversuch (20 Minuten auf Temperatur gelassen, dann sehr langsam, d. h. mit etwa 15 Minuten Dauer zerrissen) ermittelten Streckgrenzeziffern mit den Zahlen multipliziert, die sich erfahrungsgemäß als Verhältnis der im langsamen Zerreißversuch ermittelten und der bei Dauerbelastung festgestellten Streckgrenzewerte ergeben. Diese sind für nichtrostende Stähle unter Benutzung der für hochnickelchromhaltige Stähle und Temperaturen zwischen 600 und 1000⁰ von der Firma Krupp angegebenen Ziffern etwa wie folgt anzunehmen:

$$\text{unter } 300^\circ\text{ C Betriebst.: Dauerstandfestigk.} = \text{Streckgr. d. Warmzerreißversuchs}$$

für	300⁰ C	,,	,,	$= 0{,}9 \times$,,	,,	,,
,,	400⁰ C	,,	,,	$= 0{,}7 \times$,,	,,	,,
,,	500⁰ C	,,	,,	$= 0{,}5 \times$,,	,,	,,
,,	600⁰ C	,,	,,	$= 0{,}33 \times$,,	,,	,,

6. Erosionsfestigkeit.

Unter Erosion wird die mechanisch-abtragende Wirkung des strömenden Dampfes verstanden, dessen Teilchen, ähnlich wie bei der Wirkung eines Sandstrahlgebläses, die Schaufeln an der äußeren Haut verletzen und auswaschen (Abb. 38). Die Erosion ist erst in den letzten Jahren — seit Verwendung hoher Umlauf- und Dampfgeschwindigkeiten — verstärkt in Erscheinung getreten. Bei Schiffsturbinen tritt die Erosion hauptsächlich in den ersten Hochdruckstufen auf, was auf die im Dampf enthaltenen, von der Wasserreinigung herrührenden Beimengungen zurückzuführen ist. Bei Landturbinen zeigt sich keine Erosion in den Hochdruckstufen, in denen der Dampf noch überhitzt ist; sie tritt stark und unvermittelt in derjenigen Stufe auf, in welcher der Dampf vom trockenen in den gesättigten Zustand übergeht und sich Wassertröpfchen bilden. In den darauffolgenden Stufen tritt die Erosion weniger in Erscheinung und zeigt sich häufig erst wieder sehr stark an den letzten Niederdruckreihen. Sie beginnt stets im oberen Teile der Laufschaufeln, weil offenbar durch die Fliehkraft die Wasserteilchen nach außen geschleudert werden. Die Leitschaufeln werden weniger betroffen.

Vergleichende Versuche ergaben, daß die Erosion an härteren Werkstoffen geringer ist als an weicheren; daß somit die Erosionsgefahr durch die Wahl eines härteren Werkstoffes für die Schaufeln vermindert

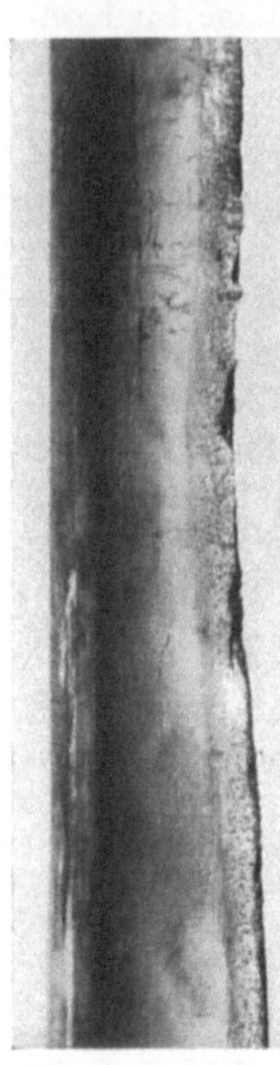
Abb. 38.   Erosion an einer Schaufel aus nicht rostendem Stahl.

wird. Mit „Härte" ist jedoch in diesem Falle nicht die Höhe der Streckgrenze zu verstehen, denn es gibt Werkstoffe mit geringer Streckgrenze, z. B. V 2 A, die sich der Erosion gegenüber widerstandsfähiger verhalten als Stähle mit hoher Streckgrenze. Eher dürfte sich der Maßstab der Härte aus der Festigkeit bei Feilbearbeitung oder bei Bearbeitung mittels Säge und Bohrer ergeben. Einige Versuche über Erosion veröffentlichte Honegger[1], doch lassen diese Angaben keine direkte Anwendung im praktischen Betrieb zu, da teilweise glashart gehärtete Stähle, teils ungebräuchliche Sonderlegierungen, teils Stücke in Qualitätszuständen unter der normalen Härte miteinander in Vergleich gestellt wurden. Ferner sind die Versuche nur kurzfristig durchgeführt, so daß alle Einflüsse von langer Dauer, wie z. B. der Korrosion, nicht zur Geltung kamen. Es erscheint übrigens nicht überflüssig zu erwähnen, daß sich Monelmetall bei den Versuchen teilweise dem 5proz. Nickelstahl überlegen zeigte. Letzterer hätte ein noch wesentlich ungünstigeres Ergebnis gezeigt, wenn bei längerer Dauer der Versuche auch die Korrosion zur Wirkung gekommen wäre. Doch geht aus den Versuchen deutlich hervor, daß man die Erosionsschäden durch geeignete Werkstoffe eindämmen kann. Bevor jedoch eine zuverlässige Reihenfolge der in Frage kommenden Werkstoffe aufgestellt werden kann — natürlich in Zusammenhang mit anderen zu stellenden Anforderungen, wie Nietbarkeit, Dehnung, Bearbeitbarkeit —, müßten noch weitere eingehende Versuche über den Erosionswiderstand aller Schaufelwerkstoffe bei ihren verschiedenen Zuständen vorgenommen werden.

7. Korrosionsfestigkeit.

Korrosion ist die chemische Einwirkung der in der Turbine enthaltenen Feuchtigkeit auf das Schaufelmaterial. Sie macht sich bei Stahlschaufeln nicht nur während des Betriebes, sondern meist in noch viel erheblicherem Maße während des Stillstandes durch Zernagen und Zerfressen der Schaufeln geltend, welchen Vorgang wir im landläufigen

---

[1] E. Honegger: BBC-Mannheim-Mitt. 1927, September/Oktober.

Ausdruck als Rosten bezeichnen. Bei Nichteisenmetallen äußert sich der Korrosionsvorgang durch Bildung von Oxyd und Zerfallen der Metalloberfläche.

Nicht mit Korrosion zu verwechseln ist der sich im Betriebe manchmal bildende bräunliche Niederschlag, der nicht vom Korrodieren der betreffenden Schaufeln herrührt, sondern sich aus vom Dampf mitgerissenen festen Bestandteilen, auch aus Salzen und Laugen zusammensetzt[1]. Allan A. Pollit gibt nachstehende Zusammensetzung eines Niederschlages an, der sich zwischen den Schaufeln in solchem Maße gebildet hatte, daß er den Dampfdurchtritt stark behinderte:

Kalziumkarbonat . . .	43,2 %	Magnesia	4,5 %
Eisenoxyd	17,0 %	Kalk	4,3 %
Öl	16,5 %	Kalziumsulfat	4,3 %
Kieselsäure	5,7 %		

Die Zusammensetzung dieser Ablagerung läßt auf starkes Überkochen der Kessel schließen. Im übrigen handelte es sich im vorliegenden Falle um einen Dampf, der ziemlich frei von Sauerstoff und sauren Bestandteilen war. Die Schaufeln waren unter der pastenartigen, vom Öl zusammengehaltenen Masse fast nicht korrodiert, was durch den starken Gehalt an Alkalien und Öl zu erklären ist.

Die übliche Korrosion erfolgt unter Einwirkung des im Dampf enthaltenen Sauerstoffs und der Rost besteht hauptsächlich aus Eisenoxyd und Eisenoxydul, unter Vorhandensein der in wäßrigen Lösungen für Eisen so schädlichen Chloride. Folgende Analyse eines Korrosionsproduktes ist ein typisches Beispiel für die vor allem durch Sauerstoff hervorgerufene Korrosion:

Eisenoxyd	81,24 %	Sulfate	0,12 %
Eisenoxydul	18,13 %	Phosphate	0,17 %
Kieselsäure	0,32 %	Chloride	Spuren

Solange Turbinen sich im Dauerbetrieb befinden, verteilt sich der Korrosionsangriff auf die Beschauflung etwa in folgender Weise:

Die Schaufeln der ersten Stufen des Hochdruckteils mit Temperaturen von 350° und darüber sind stets mit einem fest anhaftenden Überzuge von magnetischem Oxyd Fe_3O_4 versehen, das sich auch bei Erwärmung des Baustoffs in trockner Luft von etwa 295° C an bildet und als Anlauffarbe erscheint; im übrigen sind die Schaufeln korrosionsfrei. Ebenso frei sind die nächsten Stufen, die von trocknem Dampf durchströmt werden. An der Stelle des Übergangs in den feuchten Zustand beginnt, wie schon erwähnt, die Korrosion meist plötzlich, ohne allmählichen Übergang, und die nächsten 3—4 Stufen werden besonders scharf angegriffen. In den hinteren Stufen wird die Einwirkung geringer. Man kann beobachten, daß Reihen im Vakuumgebiete sich so gut halten wie

---

[1] Pollit, Allan A., u. Creutzfeld: Die Ursachen und die Bekämpfung der Korrosion.

die Hochdruckstufen. Die Erklärung für diese Tatsache ist darin zu suchen, daß im Mitteldruckteil der Sauerstoffgehalt des Dampfes noch am stärksten ist, daß aber der Sauerstoff nach dem Niederdruckteil zu durch die Korrosionsbildung aufgebraucht wird. Auch vermindert sich durch die Temperaturabnahme des Dampfes die Stärke der Korrosionsbeanspruchung trotz zunehmender Feuchtigkeit.

Bei stillstehenden Turbinen, die infolge dichter Stopfbüchsen und Ventile trocken und in gleicher Temperatur gehalten werden können, so daß keine Luft eintritt und sich kein Dampf niederschlägt, ist der Korrosionsangriff nur gering. Ist aber, was die Regel sein dürfte, das Trockenhalten praktisch nicht durchführbar, so ist die Rostgefahr bei Stillstand in allen Stufen gleich groß mit Ausnahme der Hochdruckstufen, deren Schaufeln durch die Oxydhaut etwas geschützt sind. Bei den übrigen Stufen geht das Rosten durch die nahezu stagnierenden Dampfschwaden in der Regel sehr rasch vor sich und kann an Orten, in denen der Dampf oder die Luft durch Chemikalien verunreinigt ist, wie z. B. in chemischen Fabriken, in wenigen Monaten starke Zerstörungen an der Beschauflung zur Folge haben.

Wegen der Wichtigkeit des Korrosionsproblems für Dampfturbinenschaufeln und des Umstandes, daß die Erforschung dieses Problems erst in neuerer Zeit gelungen ist, seien die grundlegenden Tatsachen der Korrosionstheorie wie folgt zusammengefaßt[1]:

1. Eisen wird in trockner Luft, d. h. in Abwesenheit jeglicher Feuchtigkeit, nicht angegriffen.
2. Eisen wird in feuchter Luft nicht angegriffen, wenn sich kein Wasser auf seiner Oberfläche niederschlägt.
3. Eisen rostet in vollkommen reinem Wasser nicht, wenn jeglicher Luftzutritt ausgeschlossen ist.

Die Korrosion ist ein elektro-chemischer Vorgang, beruhend auf der Auflösung eines Metalles oder bei legierten Stählen mehrerer seiner Bestandteile durch Berührung mit einem Elektrolyten. Dessen Vorhandensein ist wesentlich, auch wenn es sich um einen schlechten Leiter, wie Wasser oder eine Säurelösung handelt. In offenem destillierten Wasser ist der Rostangriff stärker als in Kochsalzlösung. Besonders stark greifen Lösungen von Soda an. Sauerstoff ist der eigentliche Korrosionserzeuger; angesäuerte Flüssigkeiten wirken fördernd auf den weiteren Verlauf der Rostbildung. Ein wesentlicher Faktor ist auch die überall in der Luft und im Wasser enthaltene Kohlensäure. Diese fördert die Korrosion in erheblichem Maße.

Chemische Verschiedenartigkeiten von Bestandteilen eines Stahles, die auf den Seigerungen oder Gefügeunterschieden beruhen können, sind Anlaß zur Selbstkorrosion. Die Korrosion beginnt mit der

---

[1] Pollit-Creutzfeld: Die Ursachen und die Bekämpfung der Korrosion.

Auflösung des Eisens. Hierdurch wird ein elektrischer Strom erzeugt, der von der Lösungsstelle zu anderen Punkten seiner Umgebung an der Metalloberfläche einen Ausgleich sucht. Jeder Umstand, der das Fließen des Stroms begünstigt, erleichtert auch das Fortschreiten der Korrosion. So eben Seigerungen, die Stellen höheren Potentials als das Eisen darstellen. Es ist daher sehr wichtig, nur solche Werkstoffe zu Stahlschaufeln zu verwenden, die möglichst wenig Schlackeneinschlüsse, Seigerungen und andere Verunreinigungen enthalten. Ist das Metall ganz rein und frei von allen Verunreinigungen, können sich keine Lokalelemente bilden.

Gleiche korrodierende Wirkung hat auch die Verschiedenheit der **physikalischen Eigenschaften** der Metalle. Beanspruchte Teile eines Metallstückes zeigen andere Spannungen, als nicht beanspruchte Teile, wie folgender einfache Versuch zeigt: Teilt man ein Eisenstück in zwei Teile, beansprucht den einen durch Dehnung oder Torsion und taucht sie beide in einen Elektrolyten, z. B. Salzlösung, so wird man an einem eingeschalteten Galvanometer einen Ausschlag beobachten. Es fließt also zwischen den Stücken, die vorher keinen Spannungsunterschied hatten, jetzt ein Strom. Sehr charakteristisch ist, daß Stahldeckbänder mit **gestanzten** Löchern infolge der starken, durch die Vernietung noch gesteigerten Beanspruchung in der Nähe der Löcher viel schneller rosten, als der umliegende Werkstoff (s. auch das unter III 2 über Eigenspannungen bereits Gesagte).

Der **Rostangriff** hat bei **Eisen** und **Stahl** nicht die gleiche Wirkung. Bei Eisen wirkt er viel stärker; es bilden sich bald dicke Rostschichten. Bei legiertem Stahl erscheint der Rost langsamer in feinen, lockeren Schichten, die sich leicht abreiben lassen. Je dichter die Rostschichten sind, um so stärker wirkt der Angriff, weil die Rostschichten infolge ihrer hygroskopischen Eigenschaft immer neue Feuchtigkeit aus der Atmosphäre aufnehmen und dadurch Mittel zu neuen Angriffen liefern.

Bei einer **polierten Oberfläche** setzt der Rostangriff sehr viel schwerer ein, als auf einer rauhen Fläche. Wie jeder Edelstahlprüfmann aus Erfahrung weiß, lassen sich polierte Edelstahlflächen nur schwer ätzen, die Säuretropfen ballen sich zu Kugeln zusammen und benetzen das Metall kaum. Man nimmt an, daß sich durch das Polieren eine feine Schicht reinen Eisens bildet, die alle Gefügeverschiedenheiten überdeckt. Ob diese Annahme zutrifft oder nicht, die größere Widerstandsfähigkeit polierter Flächen ist nun einmal Tatsache, und man tut gut, hieraus die Folgerungen zu ziehen. Allerdings ist die durch das Polieren eintretende Schutzwirkung nur eine aufschiebende, keine dauernde, und das Rosten schreitet weiter fort, wenn es durch dauernde Einwirkung oder angesetzte Teilchen begonnen hat.

Daß die Ansichten über das Korrodieren der einzelnen Werkstoffe für Schaufeln in den verschiedenen Turbinen und bei verschiedenen Elektrizitätswerken sehr voneinander abweichen, hat wohl vor allem seinen Grund in der Verschiedenartigkeit der Luft und des Wassers. In der atmosphärischen Luft sind je Kubikmeter 0,3—0,4 l Kohlendioxyd enthalten. Dieses Gas löst sich leicht im Wasser und erscheint in der Lösung als schwache Säure; Kohlensäure. Ferner befinden sich in der Luft größerer Städte und Industriezentren 1,2—2 cm³ Schwefelverbindungen je Kubikmeter. In der Nähe chemischer Fabriken, auch Zuckerfabriken, sind noch andere Bestandteile, vor allem Säuren und Salze festzustellen, die durch Luft oder Regenwasser ins Speisewasser gelangen und die Korrosion wesentlich verstärken, wie Abb. 39 zeigt.

Abb. 39. Korrodierte Schaufel aus einer Turbine einer chemischen Fabrik.

Der Verschiedenartigkeit der Luft und der Wasserverhältnisse entsprechend ist auch das Verhalten jeder einzelnen Werkstoffart in weiten Grenzen verschieden. Auch innerhalb bestimmter Qualitäten verschiedener Herkunft gibt es so beträchtliche Unterschiede, daß sich eine sichere Norm nicht aufstellen läßt. Vergleichsversuche über die relative Widerstandsfähigkeit im Wasser oder einer als Norm gewählten verdünnten Säure sind von beschränktem Wert, da die hierdurch gewonnenen Prüfergebnisse nicht auf alle Verwendungsmöglichkeiten anwendbar sind.

Das für Dampfturbinenschaufelmaterial gestellte Problem sollte daher nicht einfach lauten: welche Stahlqualität oder welcher Werkstoff ist der beste, sondern: welche Qualität eignet sich für die am bestimmten Ort bestehenden Verhältnisse am besten?

Von wesentlichem Einfluß auf die Einwirkungen der Luft und des Wassers auf die Stähle sind die von der Erzeugung herrührenden gewollten oder nichtgewollten Legierungsbestandteile, deren Einwirkung in nachstehendem kurz erwähnt sei. Zur Gruppe der normalen Beimengungen, die sich stets in jedem Eisen und Stahl befinden, gehören Kohle, Schwefel, Phosphor, Mangan, Silizium.

Kohle beeinflußt die Korrosion sowohl durch ihr Vorhandensein als auch besonders durch den Zustand, in welchem sie im Stahl auftritt, z. B. Perlit, Troostit, Martensit, je nach der vorhergehenden Behandlung. Veröffentlichungen hierüber sind spärlich und widersprechend. Es scheint, daß Härtung günstig wirkt, während im allgemeinen die Angreifbarkeit des Stahls mit zunehmendem Kohlenstoffgehalt steigt.

Schwefel. Die meist ungewollte Beimengung dieses Bestandteiles verstärkt die Angreifbarkeit von Stahl und Eisen erheblich. Hat Korrosion einmal eingesetzt, kann Schwefel zu Schwefelsäure oxydiert werden, es bilden sich Rosthäufchen um die darin eingeschlossene Säure, die rasch tiefe Löcher einfrißt.

Phosphor erhöht zwar nicht unmittelbar die Angreifbarkeit, dagegen werden die mechanischen Eigenschaften des Stahls durch Phosphor so nachteilig beeinflußt, daß hinter der Forderung nach möglichst wenig Gehalt an Phosphor alle anderen Erwägungen zurückzutreten haben.

Mangan. Die Ansichten über den Einfluß des Mangans sind geteilt. Während ihm im allgemeinen eine günstige Wirkung nicht zugeschrieben wird, kommen von Zeit zu Zeit Nachrichten aus Amerika, nach welchen Mangan — allerdings besonders in Stahlgußteilen — die Rostbeständigkeit etwas erhöht.

Silizium. Der geringe Gehalt der Turbinenschaufelstähle an Silizium ist auf die Korrosion kaum von Einfluß. Silizium wirkt übrigens eher günstig, als nachteilig. Silizium findet als gewollter Bestandteil mit hohem Gehalt von etwa 12—20 % zu säurebeständigem Guß Verwendung.

Ingenieure und Chemiker haben in den letzten Jahren viel daran gearbeitet, durch Legierungen dem Stahl widerstandsfähige Eigenschaften gegen Korrosion zu geben. Die den Legierungen zugesetzten Metalle haben folgende Wirkung auf Rostangriffe:

Chrom. Chrom allein wirkt bis 10 % noch nicht vermindernd auf die Angreifbarkeit. Durch geringen Chromgehalt zusammen mit geringem Kupfergehalt, beide unter 1 %, wird eine gewisse Rostwiderstandsfähigkeit erzielt. Da dieser Werkstoff nur wenige Prozent teurer ist als gewöhnliches Eisen, wird er als „witterungsbeständiger Baustoff“ zu Brückenbauten und dergleichen in verstärktem Maße zur Anwendung kommen. Bei Chromstahl mit über 10 % Chromgehalt tritt eine starke Zunahme der Rostwiderstandsfähigkeit ein. Näheres siehe unter Abschnitt „Rostsichere Stähle“, S. 64.

Kupfer. Geringer Kupferzusatz wirkt günstig auf die Rostbeständigkeit, aber bei weitem nicht so wie hoher Chromgehalt. Ferner wurde in Amerika bei Versuchen festgestellt, daß die günstige Wirkung des Kupfergehaltes in Wässern und Salzlösungen versagt, nur gegen atmosphärische Einflüsse sei sie feststehend, s. S. 66.

Nickel. Zunehmender Nickelgehalt begünstigt bekanntlich die Widerstandsfähigkeit gegen Korrosion, wenn auch noch nicht in erheblichem Maße bei den für Turbinenschaufeln üblichen Zusätzen, welche 3 oder 5 % betragen. Höhere Zusätze verteuern den Stahl unverhältnismäßig und erschweren seine Bearbeitbarkeit. Erst bei sehr hohem Ni-Gehalt von etwa 25 %, also im Gebiete der austenitischen Stähle, kann man von einer erheblichen Rostbeständigkeit sprechen. Wegen der unangenehmen Eigenschaft, brüchig zu werden, findet solcher Stahl nach ursprünglichen Mißerfolgen zu Schaufeln keine Verwendung mehr.

Vanadium. Dieses Metall bewirkt keinen Schutz gegen Korrosion, eher ist mit zunehmendem Gehalt verstärkte Rostneigung zu beobachten.

Aluminium, Wolfram und Arsen sind in geringen Zusätzen ohne Einfluß auf die Rostwiderstandsfähigkeit.

Die beste Umgehung der Rostgefahr besteht in der Verwendung von Nichteisenmetallen, wie Messing 72/28 (im Auslande auch Phosphorkupfer und Mangankupfer), Nickelmessing und ähnliche Legierungen, sowie der Naturlegierung Monelmetall. In welchem Maße die Verwendung des einen oder anderen begrenzt ist, wird in Abschnitt IV, Werkstoffwahl, näher ausgeführt. Tatsache ist jedenfalls, daß die Nichteisenmetalle die hohe Widerstandsfähigkeit legierter Stähle gegen die Erosion, sowie die sog. Federhärte derselben nicht erreichen. Man ist daher sowohl aus diesem Grunde wie aus Preisrücksichten immer wieder genötigt, Stähle zu verwenden. Man hat versucht, Stahlschaufeln durch einen Überzug von nichtrostendem Metall, z. B. Zinn, in neuerer Zeit Chrom, eine größere Widerstandsfähigkeit gegen Korrosion zu verleihen. Zinn hat sich als zu weich erwiesen, es verschwindet im Dampfbetriebe. Chrom ist zwar härter, die bisherigen Resultate haben aber den Erwartungen noch nicht entsprochen. Ist die Chromschicht nur dünn, etwa wie die einer Vernicklung, so hat sie ebensowenig Wert wie diese. Aber selbst wenn die Chromschicht stärker, beispielsweise 0,3 mm dick ist, dürfte ihr Schutz nicht sonderlich hoch zu bewerten sein. Denn die Korrosion setzt ein, wenn die äußere Haut durch die Erosionseinwirkung aufgelokkert und das rostende Metall gerade an den gefährlichsten Stellen, den Ein- und Austrittskanten, bloßgelegt wird.

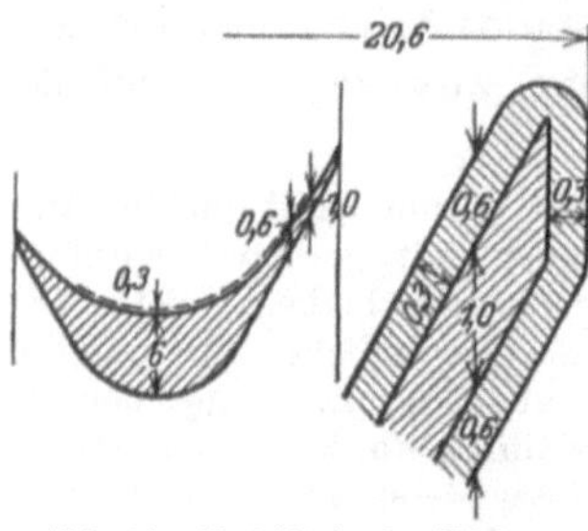

Abb. 40.   Verhältnis der Dickenzunahme einer Schaufel bei Verchromung.

Übrigens ist die Zunahme der Abmessungen bei einer starken Chromschicht zu beachten. Wenn die Chromschicht z. B. 0,3 mm allseitig betragen soll (s. Abb. 40), die Schaufel im stärksten Teil 6 mm, im Austrittsschenkel, tangential gesehen, 1 mm dick ist, so beträgt die Chromschicht, tangential gemessen, am starken Teil beidseitig zusammen 0,6 mm, am Schenkel aber etwa 1,2 mm. Das macht eine Differenz von 0,6 mm je Teilung und bereits 3 mm bei beispielsweise 5 Schaufelteilungen. Diese Differenz muß also entweder bei der Konstruktion der Schaufel oder des Zwischenstückes ebenso wie die Verbreiterung um 0,6 mm bei der Nute beachtet werden. Man kann also nicht einfach bisher verwendete oder am Lager befindliche Profile etwa stark verchromt einbauen.

Hier wäre auch der freilich geringe Rostschutz zu erwähnen, der durch künstliche Bildung einer Oxydschicht, das sog. Brünieren oder Blaufärben, erzeugt wird. Diese Schicht entsteht bei Stahl als Blauanlauffarbe bei Erwärmung an der Luft bei etwa 295° C und bildet sich, wie oben erwähnt, im Hochdruckteil der Turbinen, wo diese Temperatur vorherrscht bzw. überschritten wird. Sie läßt sich aber auch durch chemische oder elektrische Verfahren erzeugen. Das Brünieren wird besonders für gefräste Schaufeln aus niedrigprozentigem Nickelstahl angewendet. Es schützt die Schaufeln vor dem unansehnlichen Rostanlauf während des Transportes, Lagerns und Einbauens der Schaufeln, für den Betrieb in feuchtem Dampf ist die korrosionsschützende Wirkung gering.

Ein Verchromen oder dergleichen erübrigt sich bei hochchromhaltigen Stählen, deren Anwendung zu Schaufeln somit sowohl hinsichtlich Widerstandsfähigkeit gegen Erosion als auch gegen Korrosion eine Lösung darstellt. Dies darf allerdings nicht ohne eine kleine Einschränkung gesagt werden. Die rostsicheren Stähle, und zwar die der VM-Gruppe, welche als Konstruktionsstähle im Gegensatz zu den rostsicheren VA-Stählen allein in Frage kommen, sind nämlich nicht absolut rostsicher. In Turbinen, welche in stark verunreinigter Luft arbeiten, wo also der Dampf nicht ganz frei von Säure ist, tritt auch bei rostsicheren Stahlschaufeln Korrosion ein. Dieselbe kann in Turbinen mit öfteren Betriebsunterbrechungen und längeren Stillständen so stark werden, daß die Zerstörung der Schaufeln erfolgt.

8. Keine Neigung zur Alterung.

Wenn ein Werkstoff kalt bearbeitet, z. B. gebogen, gezogen oder gewalzt wird, so wird er härter. Während seine Streckgrenze und Festigkeit mit dem Bearbeitungsgrade steigen, nehmen Dehnung und Kerbzähigkeit ab. Wird die Kaltbearbeitung zu weit getrieben, wird der Werkstoff spröde.

Bei Eisen ist eigentümlich, daß sich die höchste Sprödigkeit nicht während der Kaltbearbeitung einstellt, sondern erst nach einer gewissen Zeit, während welcher der Werkstoff „altert". Den Höchstwert an Sprödigkeit, die „Alterungsgrenze", erreicht Eisen bei gewöhnlicher Temperatur erfahrungsgemäß etwa nach einem Jahr oder nach noch längerer Zeit. Die Alterungszeit wird aber auf nur wenige Stunden verkürzt, wenn kalt bearbeitetes Eisen auf niedrige Temperaturgrade zwischen 200 und 300⁰ C, also gerade die Temperaturen, welche in Turbinen vorkommen, angelassen wird.

Bei Kupfer und Messing wurde im Gegensatz zu Eisen diese Alterungserscheinung nicht in bemerkenswertem Maße festgestellt. Inwieweit höherwertige Stahllegierungen von der Erscheinung betroffen werden, wurde in bezug auf die für Turbinenschaufelmaterial in Betracht kommenden Werkstoffe noch nicht systematisch untersucht. Das vor etwa 15—20 Jahren zeitweise beobachtete baldige Abbrechen gezogener und nicht oder in zu niedriger Temperatur nachgeglühter Kohlenstoffstahlschaufeln ist ohne Zweifel auf Alterung zurückzuführen. Ebenso hängt das Rissig- und Mürbewerden des 25proz. Nickelstahles vor etwa 20 Jahren, als die wissenschaftliche Erkenntnis der Vorgänge bei der thermischen Behandlung kalt gezogener Stahlschaufeln noch nicht weit vorgeschritten war, mit der Alterungserscheinung zusammen.

Die Alterungsneigung kann durch thermische Behandlung aufgehoben werden. Es ist anzunehmen, daß durch das seit jener Zeit geübte Anlassen der gezogenen Stahllegierungen bei entsprechenden Temperaturen unter Erzielung guter Dehnung der Grund zum Entstehen von Alterungseigenschaften beseitigt ist. Immerhin ist es ratsam, auch bei der hie und da noch gebräuchlichen ganz leichten Kaltbearbeitung, die am Schlusse der Verarbeitung vorgenommen wird, um weichgeglühte Profilstangen auf eine vorgeschriebene Streckgrenze bei ausreichender Dehnung zu bringen, die Alterungserscheinung zu berücksichtigen. Ihre Vernachlässigung könnte dahin führen, die im Zieh- und Walzverfahren hergestellten Stangen zu diskreditieren.

Die Frage, ob und in welchem Grade das „kräftig aus dem Vollen schruppen" und vielleicht das wiederholte kalte Nachrichten von Schaufeln oder auch das Vernieten als Kaltbearbeitung die Neigung zum Altern entstehen lassen und wie die daraus sich ergebenden Nachteile sicher zu beseitigen sind, dürfte der genauen Prüfung wert sein.

9. Gute mechanische Verarbeitbarkeit.

Der Turbinenbau muß für das Anfertigen der Schaufeln aus den gewalzten oder gezogenen Stangen und ihr Weiterverarbeiten die Forderung stellen, daß die Beschauflung sich ohne besondere Schwierigkeit und Gefahr einwandfrei herstellen läßt. Dabei ist nicht allein an die Bearbeitung durch Säge, Fräser und Feile gedacht, sondern auch an Ziehen, Walzen und nicht zuletzt an die evtl. vorzunehmende thermische Behandlung.

Diese selbstverständliche Forderung wird aber manchmal nicht in ausreichendem Maße erfüllt. So hat es viele Jahre gedauert, bis es möglich war, Teile aus V 2 A in solchem Zustande zu liefern, daß die Weiterverarbeitung ohne Klagen seitens des Werkstattpersonals vor sich gehen konnte. Selbstverständlich lag der Fehler nicht am Werkstoff selbst, sondern an der erforderlichen Zusammenarbeit von Rohstoffhersteller und Verarbeiter.

Die Unterlassung dieser Zusammenarbeit kann, für den Nachverarbeiter oder Verbraucher vor allem dann, weittragende Folgen haben, wenn an dem Werkstoff noch eine Kalt- oder Warmverarbeitung vorgenommen wird. Sie sollte nur in Übereinstimmung mit dem Rohstoffhersteller geschehen. Denn nur dieser kennt alle Vorzüge und Schwächen seiner Werkstoffe. Durch eine beim Letztverarbeiter vorgenommene Glühung kann z. B. die vorher durch bestimmte thermische Behandlung erzielte, gleichmäßig auf eine gewisse Größe gebrachte Streckgrenze stark abnehmen. Anderseits wird manchmal bei der Weiterbehandlung eines Werkstoffs, der entsprechend den Anforderungen der Konstruktion vom Hersteller auf hohe Streckgrenze gebracht ist, eine Biegebearbeitung vorgenommen, wodurch die Streckgrenze ungewollt erheblich gesteigert und die bis dahin gute Dehnung derart vermindert wird, daß man den Werkstoff schließlich als spröde bezeichnen muß.

Ein schwieriges Aufgabengebiet ist auch das Löten rostsicherer Stähle, das erst nach einiger Übung gelingt. Mancher Stahl ist überhaupt nicht einwandfrei lötbar, wieder ein anderer Werkstoff hat vielleicht

die besten Qualitätseigenschaften und ist gegen Erosion widerstandsfähig, jedoch stellt sich bei der Befestigung der Deckbänder heraus,
daß die Nietfähigkeit zu gering ist, weil der Werkstoff bei dieser Kaltbearbeitung zu rasch die Dehnung einbüßt und hart wird. Bei einem
Werkstoff, für den von der Konstruktion mit Rücksicht auf hohe
Beanspruchung eine besonders hohe Streckgrenze vorgeschrieben wurde
und der diese hohe Streckgrenze vom Stahlwerk oder der Zieherei auf
Kosten der Dehnbarkeit erhalten hat, können im Betriebe die Nietköpfe der Schaufeln abspringen.

Um der Forderung auf gute Bearbeitbarkeit des Schaufelwerkstoffs
in allen Punkten Genüge zu tun, empfiehlt sich daher eine genaue
Verständigung zwischen Rohstoff-Fachmann und Maschinenfabrik.

10. Möglichst niedriger Preis.

Die Preise für Schaufelmaterial sollen natürlich möglichst niedrig
gehalten werden, damit sie die Kosten einer Turbine nicht zu sehr beeinflussen. Sie erreichen bei neuzeitlichen Turbinen etwa 10% des
Wertes der ganzen Maschine.

Die Rohstoffherstellung vor allem beeinflußt den Preis sehr wesentlich. So ist z. B. ein unter Vakuum erschmolzener Nickelstahl bis jetzt
nicht zu gleichen Preisen lieferbar wie ein solcher aus dem Elektroofen.

Außerdem ist natürlich für den Preis auch die Bearbeitung ausschlaggebend. Werden z. B. für eine bestimmte Werkstoffgruppe,
etwa rostfreien Stahl, höhere Gütewerte verlangt, oder die Werte für
Streckgrenze enger umgrenzt, so führt dies, abgesehen von der Wahl
einer höherwertigen, härteren und schwerer verarbeitbaren Legierung,
zu einer besonderen Wärmebehandlung, und außerdem entstehen mehr
Ausfälle bei den Zwischenkontrollen der Verarbeitung und der erforderlich werdenden Nachbehandlung. Hieraus erhellt, daß mit steigender
Qualität die Preise zunehmen müssen.

IV. Werkstoffwahl.

1. Schaufeln.

Für die Erfüllung der in vorstehendem Abschnitte genannten Auf-
gaben steht dem Kraftmaschinenbau eine große Reihe Werkstoffe zur
Verfügung. Dieselben sollen soweit als möglich allen Anforderungen
entsprechen und möglichst viel Vorzüge in sich vereinigen, also hohe
Widerstandsfähigkeit, lange Lebensdauer, glatten, reibungslosen Dampf-
durchlaß. Leider sind die Ansprüche nicht alle gleichzeitig zu erfüllen.
Die Werkstoffe vereinigen in sich Vorzüge und Nachteile, welche ihre
Wahl beeinflussen.

Auch die Anforderungen sind nicht ständig die gleichen geblieben. Die rasche Entwicklung in der Konstruktion der Dampfturbinen, die Steigerung der Umdrehungszahlen, der Dampfgeschwindigkeit und der Dampftemperatur brachten es mit sich, daß die Wahl des geeignetsten Baustoffes für die Schaufeln in den letzten Jahren oft zu Erörterungen führte. Die Wahl wird noch erschwert dadurch, daß außer den besonderen baulichen Anforderungen Unterschiede in der chemischen Eigenschaft des Wassers bzw. des Dampfes berücksichtigt werden müssen.

Den Anforderungen auf glatten Dampfdurchlaß ohne Korrosionsgefahr entsprechen die Nichteisenwerkstoffe, wie Kupfer, Messing, Sondermessinge, Nickelkupferlegierungen. Da sie in Festigkeitseigenschaften von den legierten Stählen übertroffen werden und auch ihr Preis meist höher liegt als derjenige legierter Stähle, so treten in Wettbewerb mit den genannten Kupferlegierungen alle Stähle, vom einfachen, billigen Kohlenstoffstahl bis zum zwanzigmal so teuren, hoch mit Nickel und Chrom legierten Sonderstahl.

Alle Ansprüche gleichzeitig lassen sich von keinem der zur Verfügung stehenden Werkstoffe erfüllen. Alle vereinigen in sich Vorzüge und Nachteile, die ihre Wahl beeinflussen. Je nach dem vorliegenden Zweck muß eben derjenige Werkstoff gewählt werden, der auf jeden Fall den Anforderungen auf Betriebssicherheit genügt und den übrigen Wünschen soweit als möglich entspricht.

Schaufeln. Vom Standpunkte der Korrosionsfrage und möglichst hoher Lebensdauer ergibt sich folgende grundsätzliche Einteilung in der Wahl der verschiedenen Werkstoffe:

Die ersten Hochdruckstufen. Wegen hoher Temperatur im Gebiet des überhitzten Dampfes ist zunächst keine Korrosionsgefahr, und da der Dampf trocken ist, auch keine Erosionsgefahr. Es genügt daher 5proz. Nickelstahl, bei höherer Beanspruchung Chromnickelstahl oder hochchromhaltiger VM-Stahl. Auch Monel ist zu empfehlen, soweit die Temperatur unter 350° C und die Erosionsbeanspruchung nicht groß ist. Bei höherer Temperatur, starker Korrosions- und Erosionsgefahr eignet sich ATV- oder Nickelchrommolybdänstahl. Im Übergangsgebiet vom trocknen Dampf zum Naßdampf beginnt die Korrosionsgefahr plötzlich an einer bestimmten Stufe, hier ist demnach ein zum Rosten neigender Werkstoff zu vermeiden. Der zu wählende Werkstoff muß außerdem widerstandsfähig genug sein gegen die auswaschende Wirkung der Wassertröpfchen im Dampf. Die besten Dienste tut ein hochchromhaltiger, nichtrostender Stahl mit möglichst hoher Festigkeit. In den weiter folgenden Stufen mit geringerer Erosionsbeanspruchung eignet sich Monel, in den weiteren Stufen mit noch geringerer Beanspruchung Messing.

Im Niederdruckteil ist die Korrosionsgefahr zunächst nach-
lassend, so daß manchmal Nickelstahl zulässig ist. Sonst bewähren
sich Monel und, wenn die Festigkeitsbeanspruchung nicht zu hoch
ist, Messing und Kupfer. In den letzten Stufen vor dem Austritt
des Dampfes in den Kondensator ist die Erosionsgefahr wieder an-
steigend, so daß für diesen Teil wieder ein nichtrostender Stahl
mit hohen Festigkeitseigenschaften vorzuziehen ist. Durch geeignete Form der Schaufelflanken ist außerdem die Gefahr der Erosionswirkung zu verringern.

Unter Einteilung der Werkstoffe in Gruppen entsprechend ihren
Beanspruchungen und ihrer Verwendung in den verschiedenen
Temperaturen ergibt sich folgende ähnliche Aufstellung[1]:

HD-Stufen: über 275° C Dampftemperatur: nichtrostender Stahl.
　　　　　　 bis　 275° C Dampftemperatur: niedrigprozentiger Nickelstahl.

ND-Stufen: über 200° C Dampftemperatur:

über 10 kg/mm² Beanspruchung:
Nickelstahl, Nichtrostender
Stahl, Monelmetall.

unter 10 kg/mm² Beanspruchung:
Nickelstahl, Monelmetall.

unter 200° C Dampftemperatur:

5—10 kg/mm² Beanspruchung:
Nickelmessing.

unter 5 kg/mm² Beanspruchung:
Messing.

Diese Einteilung ist natürlich den Verhältnissen anzupassen, z. B.
wird bei korrodierenden Einflüssen von niedrigprozentigem Nickelstahl
abzusehen und dafür nur ein nichtkorrodierender Werkstoff anzuwenden
sein. Für diesen ist dann ausschlaggebend sein Widerstand gegen Festigkeitsbeanspruchung, Schwingungen usw.

Wie angegeben, ist bei starker Erosion ein möglichst harter,
erosionswiderstandsfähiger Werkstoff zu wählen. Die Reihenfolge der
Werkstoffe bezüglich der Härte, die für Erosionswiderstand ausschlaggebend ist, läßt sich, mit dem weichsten anfangend, wie folgt angeben:

1. Messing	5. V 5 M
2. Nickelmessing	6. ATV
3. 3- oder 5proz. Nickelstahl	7. V 1 M
4. Monelmetall	8. V 2 A

Letzteres hat sich bei sehr hoher Dampfgeschwindigkeit überlegen
gezeigt, ist aber wegen geringer Streckgrenze von etwa 30 kg/mm² im
Fertigzustand nur anwendbar bei geringer Beanspruchung. Ferner ist
noch ungeklärt, ob dieser zu den Austeniten zählende Werkstoff wegen
seines 9proz. Nickelgehalts nicht die gleichen unangenehmen Eigenschaften zeigt wie der ihm verwandte 25proz. Nickelstahl, der im Dampf-

---

[1] Kraft: AEG-Mitt. 1928, Nr. 1, S. 15.

betrieb brüchig wird. Nach Meinung der Metallurgen kann allerdings der im V 2 A vorhandene Gehalt an Chrom (18%) diese Neigung des hohen Nickelgehalts im Stahl vorteilhaft dämpfen.

Die Gesichtspunkte höchster Wirtschaftlichkeit führen zur Anwendung höherer Dampfdrücke, als in den letzten Jahren zur Anwendung gekommen sind (rd. 35 at), und zur Erhöhung der Dampftemperatur durch Überhitzer. Diese Bestrebungen sind durch die technischen Schwierigkeiten der Werkstofffrage bisher gehemmt gewesen, es muß aber damit gerechnet werden, daß durch die Fortschritte in der Verwendung hochwertiger Baustoffe für die Kessel, Rohrleitungen und Kraftmaschinen die Anwendung von Dampftemperaturen von 400° und darüber sich immer häufiger durchsetzen wird. Damit nähern sich die Verhältnisse denen der Gasturbinen, deren Beschauflung Temperaturen von 700—800° C widerstehen muß. Der Forderung hoher Streckgrenze bei guter Zähigkeit und Dehnung im Temperaturgebiet von 350—400° C entspricht in vielleicht noch etwas höherem Maße als die rostsicheren VM-Stähle der hochnickelchromhaltige ATV-Stahl. Allerdings liegen Erfahrungen von genügend langer Dauer bei diesem Stahl noch nicht vor und die bisher bekannten Zerreißwerte aus Versuchen mit verhältnismäßig kurzer Zerreißdauer gestatten noch keinen ganz hinreichenden Vergleich.

Bei Temperaturen über 400° scheinen die in den letzten Jahren hergestellten Nickelchrommolybdänstähle zu entsprechen, die überdies auch sehr widerstandsfähig gegen Säuren sind. Betriebserfahrungen über ihre Dauerbewährung bei hoher Beanspruchung und Temperatur liegen bislang nicht vor. Wegen der teuren Legierungszusätze ist der Preis dieser Werkstoffe ziemlich hoch.

2. Zwischenstücke.

Für Zwischenstücke wird zu Stahl- und Monelmetallschaufeln ausschließlich weichgeglühtes Spezialeisen oder, wenn das Zwischenstück zugleich als Träger des Schaufelfußes dient (T-Fuß-Schaufeln), weicher SM-Stahl verwendet. Bei Messingbeschauflungen von Landturbinen sind teils Messing-, teils Eisenzwischenstücke gebräuchlich. Bei Schiffsturbinen mit Messingschaufeln hat sich allerdings Eisen für Zwischenstücke nicht immer bewährt. Es ist vorgekommen, daß Beschauflungen von Turbinen, die bei längeren Betriebspausen vor Nässe nicht geschützt waren, durch den sich an den Fugen bildenden Rost Schaden litten, was bei Verwendung von Messingzwischenstücken nicht eingetreten wäre.

Als Messinglegierung für Zwischenstücke ist von der deutschen Marine Ms 58/42, Messing mit 58% Kupfer und 42% Zink, zugelassen. Diese Legierung ist sonst auch für Armaturteile üblich und beliebt,

zumal sich infolge der Warmpreßbarkeit die Herstellung solcher Teile
gegenüber gegossenen sehr verbilligt. Der Werkstoff ist aber gegenüber Ms 72/28 verhältnismäßig hart. Mit Rücksicht auf besseres Anschmiegen der Zwischenstücke an die Schaufeln und die seitlichen
Rillenwände wird daher meist Messing mit höherem Kupfergehalt
(62/38, 68/32, 70/30, 72/28, meist letzteres) verwendet. Auch in England, dem Stammlande der Parsonsbeschauflungen, sind Zwischenstücke aus Ms 68/32 oder Ms 70/30 nach wie vor gebräuchlich.

3. Deckbänder

für Nickelstahlschaufeln werden in der Regel aus niedrigprozentigem
Nickelstahl gefertigt. Für Reihen aus nichtrostendem Stahl werden
die Deckbänder aus dem gleichen Baustoff oder aus Monelmetall hergestellt. Letzteres hat
sich, wenn es mit gleich-
mäßigen Festigkeits-
werten und hoher Zä-
higkeit auch in Quer-
richtung angefertigt
wurde, vorzüglich be-
währt, es rostet nicht
und besitzt hohe Fe-
stigkeit. In Turbinen,
in denen Deckbänder
aus Nickelstahl in kur-
zer Betriebszeit zusam-

Abb. 41.   Erodierte und korrodierte Nickelstahl-
Beschauflung mit Monel-Deckband.

mengerostet waren, blieben Bänder aus Monel wie unberührt (s. Abb. 41).
Bei Messingbeschauflungen kommt selten Ms 62/38, meist Ms 72/28 zur
Anwendung.

4. Stemm- oder Dichtungsstreifen.

Stemmstreifen oder Dichtungsstreifen sollen fest genug sein,
um nicht durch den Dampfdruck abgebogen zu werden, aber auch
nicht so hart oder zähe, daß sie bei Berührung in den rotierenden Teil
Rillen schleifen. Sehr gut bewährt hat sich Messing 62/38 oder 72/28.
Das gleichfalls sehr plastische, aber wesentlich festere und zähe Monelmetall hat sich dagegen hier nicht in allen Fällen als geeignet erwiesen,
weil es sich bei besonders starkem Anlaufen infolge seiner Neigung
zum Schmieren stark erwärmte und dadurch die Zerstörung vergrößerte.
Messing weist bei höheren Temperaturen rasch sinkende Dehnung und
Festigkeit auf, so daß es bröckelt oder sich einfach an der Berührungsstelle
abschleift. Auch rostsicherer VM- oder VA-Stahl findet bisweilen zu
Stemmstreifen Verwendung, desgl. Nickelmessinge wie Admiro.

5. Bindedrähte,

die zur Versteifung und Verbindung der Schaufeln eingelötet werden, bestehen bei Schaufeln aus Messing, Nickelstahl und rostsicherem Stahl meist aus **Bimetalldraht**, einem Draht mit etwa 75% Stahlseele und 25% Kupfermantel. Er hat etwa 39 kg/mm² Festigkeit bei 25% Dehnung in geglühtem und etwa 70 kg/mm² Festigkeit bei 3—7% Dehnung in gezogenem Zustande. Die Kupferschicht beträgt mindestens 0,3 mm bei Drähten bis 3 mm, mindestens 0,5 mm bei Drähten über 3 mm. Draht aus **Monelmetall** wird für Monelbeschauflungen, aber auch als Drahtbindung bei Schaufeln aus nichtrostendem Stahl verwendet. Anstatt Bimetalldraht hat sich in vielen Fällen auch gewöhnlicher Stahldraht bei Stahlschaufeln durchaus bewährt.

6. Lötmittel.

Zum Löten der Bindedrähte in die Messing-, Nickelstahl-, Monel- und nichtrostenden Stahlschaufeln sind verschiedene Silberlegierungen gebräuchlich. Es besteht das Bestreben, den Schmelzpunkt derselben möglichst niedrig zu halten, um die zu lötenden Werkstoffe möglichst wenig hoch zu glühen. Herabsetzung des Schmelzpunktes wird durch höheren Zusatz an Silber erreicht, der anderseits den Preis steigert. Ferner soll das Lot nicht zu schnell flüssig werden und beim Schmelzen gleich abtropfen, sondern das Bestreben zeigen, in möglichst allmählichem Übergang vom dickflüssigen Zustande in den flüssigen die Lötstellen schnell zu füllen.

Als gebräuchliche Legierungen sind zu nennen:

Cu %	Zn %	Ag %	Schmelzpunkt °C
40	35	25	750—780
30	25	45	700—720
36	14	44 $\left\{ \begin{array}{l} 2\ \text{Cad} \\ 3\ \text{Sn} \end{array} \right\}$	700—740

V. Eigenschaften der Werkstoffe für Turbinenschaufelmaterial.

Der folgende Abschnitt behandelt die verschiedenen Eigenschaften und Eigentümlichkeiten der Werkstoffe, die für Turbinenbeschauflungen Verwendung finden. Bevor zur näheren Beschreibung der Eigenschaften der einzelnen Werkstoffe übergegangen wird, seien die im Inlande gebräuchlichen Werkstoffe und die als garantierbar bezeichneten Werte unter Angabe der Verwendung in der Turbine aufgeführt:

Zahlentafel 2. Übersichtsliste der im Inlande gebräuchlichsten Werkstoffe für Schaufelmaterial.

Werkstoff	Festigkeitswerte			Legierung	Spez. Ge-wicht	Wärme-ausdeh-nung für 0 — 100°C	
	Streck-grenze	Festig-keit	Deh-nung $l = 11,3\sqrt{Q}$				
	kg/mm²	kg/mm²	%	%		mm	
Nichteisen-metalle:							
Messing 72/28 .	a) 25—35	36—40	mind.15	72—73 Cu	8,5	2	Turbinenschaufeln
	b) mind.35	40—44	„ 15	Rest Zn			Beginn der Erweichung 250°
Messing 62/38 .	weich geglüht			62—63 Cu	8,4	2	Stemmstreifen
				Rest Zn			Beginn der Erweichung 250°
Messing 58/42 .	mittelhart gezogen			58—60 Cu	8,4	2	Zwischenstücke
				Rest Zn			Beginn der Erweichung 250°
Eisenlegie-rungen:							
3 proz. Ni-Stahl	40—50	50—60	mind.15	3 Ni	7,87	1,2	Turbinenschaufeln Beginn der Erweichung 400°
5 proz. Ni-Stahl	40—50	55—65	„ 15	5 Ni	7,88	1,2	desgl.
2—3 proz. Chromstahl .	45—55	55—70	„ 15	2—3 Cr	7,88	1,2	desgl.
Nichtrostender Weichstahl (V 5 M) . . .	40—48	55—65	„ 15	0,15—0,2 C 12—16 Cr 0,5—1,2 Ni	7,75	1,07	desgl.
vergütet . . .	50—55	65—75	„ 16				desgl.
Nichtrostender Stahl (V 1 M)	50—60	65—75	„ 12	desgl.	7,75	1,07	Turbinenschaufeln Beginn der Erweichung 430°
Weicheisen . .	25—35	40—50	„ 20	0,1—0,2 C	7,8	1,2	Zwischenstücke
Weichstahl St C 35/61 .	28—38	50—60	„ 20	etwa 0,35 C	7,8	1,2	desgl.
Weichstahl St C 45/61 .	34—44	60—70	„ 18	etwa 0,45 C	7,8	1,2	desgl.
Sonderlegie-rungen:							
Monel	40—50	55—65	„ 18	65—68 Ni Rest Cu	8,8	1,4	Schaufeln bei säurehaltigen Dämpfen und hoher Temp. Beginn der Erweichung 375°
V 2 A	30—40	70—80	30—40	0,25 C 20 Cr, 7 Ni	8,8	1,4	Für Schaufeln nicht zu empfehlen
Nichtrostender Stahl ATV .	40—50	60—75	mind.15	etwa 0,4 C etwa 38 Ni, 11 Cr	8,05	1,0	Turbinenschaufeln für hohe Temp. Stopfbüchsenfedern Beginn der Erweichung 500°
Nickelchrom-molybdän-stahl B 7 M .	50—60	70—80	20—30	61 Ni, 15 Cr 7 Mo, 15 Fe	8,75	1,4	Turbinenschaufeln für hohe Temp. Stopfbüchsenfedern Beginn der Erweichung 500°

Die Unterschiede in den Angaben für die Werkstoffe sind, abgesehen von der Legierung, in der Behandlung und Verarbeitung begründet. Manches muß im nachfolgenden vorweggenommen werden, was eigentlich in den Abschnitten über die Verarbeitung zu erörtern wäre, und umgekehrt. Es empfiehlt sich daher, zugleich mit den nachstehenden Ausführungen diejenigen der Abschnitte VI (Herstellung) und VII (Erfahrungen) zwecks vollständiger Aufklärung über die Werkstoffeigenschaften zu beachten. — Die Angaben über die Festigkeitseigenschaften der in Schaufelprofilform gebrachten Werkstoffe werden es dem Konstrukteur und dem Verbraucher ermöglichen, Vergleiche anzustellen und richtige Entscheidungen über Wahl und Anwendung des für einen gegebenen Zweck geeignetsten Werkstoffs zu treffen. Die für die Dehnung angegebenen Werte beziehen sich durchweg auf die Meßlänge $l = 11,3 \sqrt{Q}$ für Profilformen und $l = 10 \cdot d$ für Rundquerschnitte.

Wegen der allgemeinen physikalischen und mechanischen Eigenschaften der Werkstoffe wird auf die Werkstoffhandbücher verwiesen.

A. Nichteisenmetalle.

1. Kupfer, Mangankupfer, Phosphorbronze.

Anwendung. Kupfer und die genannten Kupferlegierungen finden als Turbinenschaufelmaterial im Auslande viel mehr Verwendung als in Deutschland. So wurden beispielsweise für die vor einiger Zeit fertiggestellte Turbinenanlage des englischen Linienschiffs „Nelson", dessen Anlage Abb. 42 zeigt, die Laufschaufeln aus Phosphorbronze, die Leitschaufeln dagegen aus nichtrostendem Stahl hergestellt[1]. Phosphorbronze enthält 90—94 % Kupfer, der Rest besteht aus Zinn. Phosphor wird beim Schmelzen nur zum Desoxydieren benutzt, der Phosphorgehalt in der erstarrten Legierung ist nur sehr gering. Diese Legierung ist sehr widerstandsfähig gegen den durch Beimengungen von Seewasser verunreinigten Dampf. Mangankupfer mit 85 % Kupfer, 15 % Mangan oder 95 % Kupfer und 5 % Mangan verträgt höhere Temperaturen als das gebräuchliche Messing 72/28, da seine Festigkeit bei steigender Temperatur langsamer abnimmt.

Die genannten Kupferlegierungen werden zu Schaufeln gezogen, ihre Festigkeitswerte sind nicht höher, eher niedriger als die von gezogenem Messing 72/28.

Reines Kupfer wird zum Teil im Auslande für Zwischenstücke verwendet; es schmiegt sich in der Nute in tangentialer und axialer Richtung sehr gut an und ermöglicht damit gute Steifigkeit der Fuß-

---

[1] Schiffbau 1928, S. 51.

befestigung. Die Herstellung kann hüttenmännisch oder elektrolytisch erfolgen. Die hohe Reinheit wie beim Leitungskupfer für elektrische

Abb. 42. Turbinenanlage des engl. Linienschiffes „Nelson".

Zwecke, bei welchem schon eine geringe Verunreinigung durch Sauerstoff die Leitfähigkeit herabsetzt, ist nicht nötig, da die Festigkeit durch geringen Gehalt an Kupferoxydul nicht beeinträchtigt wird. Erst bei einem Gehalt von etwa 0,9% Cu_2O ist eine Verringerung der Festigkeit bemerkbar.

Eigenschaften bei der Verarbeitung. Die Verarbeitung von Mangankupfer durch Walzen und Ziehen ist ähnlich wie die von gewöhnlichem Kupfer außerordentlich leicht, zumal es sich sehr weitgehend, als Runddraht bis herunter zu 5 mm Durchmesser warm verarbeiten läßt. Auch Warmvorpressen ist möglich, jedoch nur bei kräftigen Profilen ohne dünne Spitzen von 2 cm² Querschnitt an. Beim Kaltziehen von Kupfer können mehrere Stiche hintereinander gemacht werden, bei etwa 10—15% Abnahme je Stich. Die Härte bei der Kaltbearbeitung nimmt nur ganz allmählich zu, wie aus Abb. 43 ersichtlich.

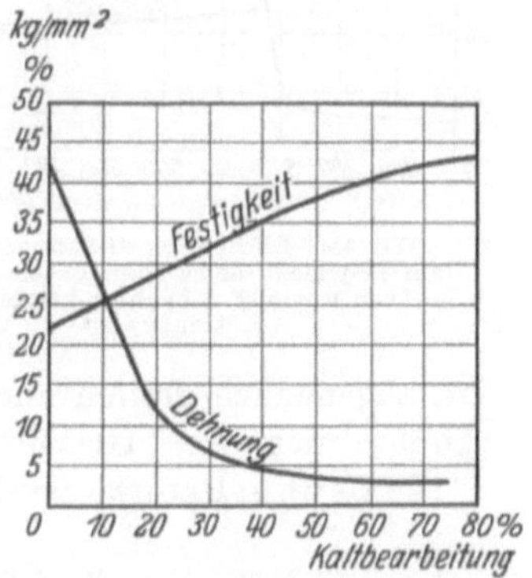

Abb. 43. Einfluß der Kaltbearbeitung auf Festigkeit und Dehnung von Hüttenkupfer.

Ergebnisse von Warmzerreißversuchen an Kupfer zeigt Abb. 44. Die Zone der Warmbildsamkeit ergibt sich aus der Zone der Einschnürung.

Es ist wichtig, daß eine Warmverarbeitung unter Aufrechterhaltung der Temperaturen vorgenommen wird, in denen die Einschnürung groß ist, z. B. 700—900⁰ C; bei den darunterliegenden Erwärmungsgraden wird das Arbeitsstück rissig und erst wieder unter 200⁰ gut verarbeitbar.

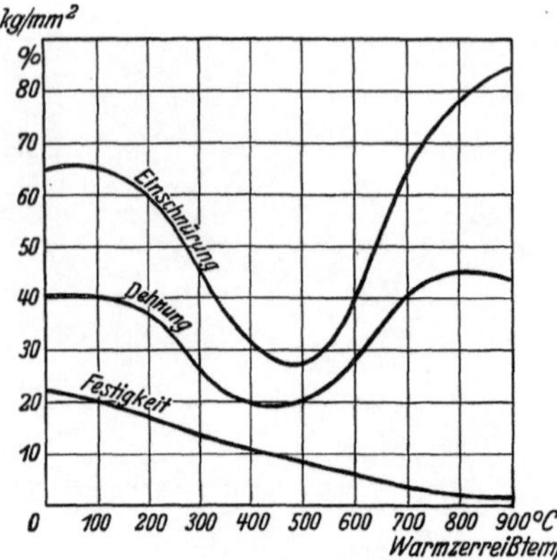

Abb. 44.   Warmzerreißwerte von Hüttenkupfer.

Den Einfluß des Glühens auf kalt bearbeitetes Kupfer zeigt Abb. 45. Als gute Weichglühtemperatur gilt 480—560⁰ C.   Beim Glühen von Hüttenkupfer ist Vorsicht geboten, da solches Kupfer durch Glühen in reduzierenden Gasen, wie Leuchtgas, oder reduzierender Flamme, durch Wasserstoffaufnahme brüchig wird (Wasserstoffkrankheit). Festigkeit und Dehnung sind dann sehr vermindert; Einschnürung fehlt ganz. Solches Kupfer ist auch durch irgendeine Glühbehandlung nicht zu retten und muß wieder umgeschmolzen werden.

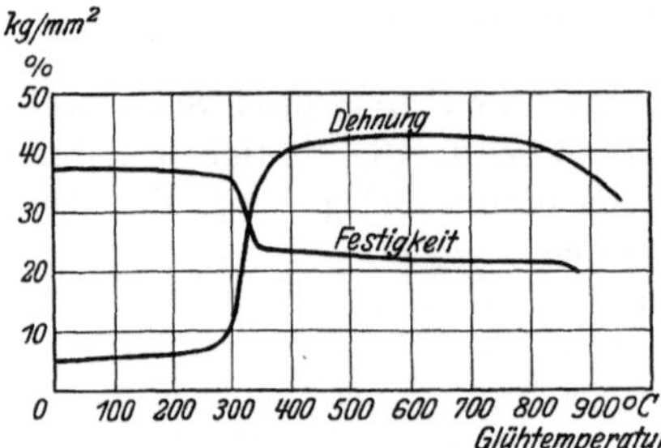

Abb. 45.   Einfluß der Glühtemperatur
auf Festigkeit und Dehnung von vor dem
Glühen mit 50% Abnahme kaltgewalztem
Hüttenkupfer.

Physikalische Eigenschaften.   Das spezifische Gewicht von gezogenem Kupfer ist 8,9, die Wärmeausdehnung eines Stabes von 1 m Länge bei Erwärmung von 0—100⁰ C beträgt 1,8 mm. Diese Zahl kann aber nur als ungefährer Anhalt dienen, da sie mit der Temperatur ziemlich stark veränderlich ist.

Die Beständigkeit des Kupfers gegen organische Säuren und Salzlösungen ist verhältnismäßig groß. Im allgemeinen greifen auch Gase selbst bei hohen Temperaturen das Kupfer nicht an.   Überhitzter Dampf macht jedoch Kupfer brüchig.

Phosphorbronze wird nur kalt verarbeitet wie Messing 72/28.

2. Messing. Für Schaufeln.

Anwendung.   Die im Inlande, der Schweiz und der Tschechoslowakei für Dampfturbinenschaufeln allgemein gebräuchliche und von der deutschen Marineleitung für Schiffsturbinen vorgeschriebene Messinglegierung enthält mindestens 72% Kupfer und etwa 28% Zink, und hat einen Gesamtgehalt an fremden Beimengungen von höchstens 0,15%, worunter höchstens 0,06% Blei. Im übrigen Auslande ist gebräuchlich: Messing 70/30 mit etwas geringerer Reinheit. — Da der Parsons-Turbinenbau seinen Ursprung in England hat, wäre naheliegend, daß für Schaufeln auch die Verwendung der dort üblichen Legierung 70/30 mit übernommen wurde, wie dies z. B. bei Kondensatorröhren der Fall ist. Bei Aufstellung der Gütevorschriften für die ersten Marineschiffe ging man aber nicht zur Legierung 70/30 über, sondern wählte die Legierung 72/28, weil diese von der Heeresverwaltung für Patronenhülsen bereits genormt war und im übrigen in ihren Festigkeitswerten und der Bearbeitungsmöglichkeit dem Messing 70/30 nicht nachsteht. Die Legierung 72/28 besitzt sogar unter den Messinglegierungen den höchsten Grad an Zähigkeit.

Das Schaufelmessing, das im Normenblatt DIN 1709 (Cu-Zn-Legierungen) als Ms 72 genormt wurde, gehört zur Gruppe Tombak. Diese Gruppe umfaßt die Messinglegierungen von 65—90% Cu-Gehalt.

Messing bewährt sich im allgemeinen sehr gut. Hervorzuheben ist seine leichte Bearbeitbarkeit, Rostbeständigkeit und Widerstandsfähigkeit gegen chemisch unreinen Dampf. Es ist in den letzten zehn Jahren gelungen, die zu garantierende Streckgrenze für Messingschaufeln auf mindestens 35 kg/mm² bei hoher Dehnung zu bringen, so daß solches Messing auch mittleren Beanspruchungen genügt. Seine Anwendung ist aber begrenzt. Wegen der Abnahme der Festigkeitswerte bei höheren Temperaturen gilt als höchste zulässige Betriebstemperatur für Messingschaufeln etwa 200° C.

Die Zieh- und Walzbarkeit des Ms 72 in kaltem Zustande ist sehr groß, weshalb sich dieser Werkstoff leicht zu Profilen mit feinsten Spitzen ziehen läßt. Zur Verwendung kommt er stets in gezogenem Zustande mit einer durch den Kaltziehprozeß in zulässiger Weise gesteigerten Streckgrenze und Oberflächenhärte. Für Messing 70/30 ist vielfach im Auslande ein schwaches Anlassen bei etwa 300° C, also kurz vor der Umwandlung des Gefüges, am Schlusse der Fertigstellung zur Beseitigung etwaiger zu hoher Spannungen, vorgeschrieben. Für das im Inlande gebräuchliche Ms 72 wird dies nicht als erforderlich angesehen, weil die mit mindestens 15% nach unten begrenzte Dehnung sehr reichliche Zähigkeit gewährleistet. Es steht aber fest, daß etwas hart gezogene Stäbe, bei denen durch die Kaltverarbeitung die Dehnung unter 15% gesunken ist, durch ein solches Anlassen manchmal auf recht brauchbare Werte zu bringen sind, z. B.

	Streckgrenze kg/mm²	Festigkeit kg/mm²	Dehnung %
etwas zu hart gezogen . . .	40	44	13
nach Anlassen auf ca. 300° .	37	44	21

Mechanische Eigenschaften bei Erwärmung. Abb. 46 gibt Warmzerreißwerte an und diese Kurven zeigen auch die Änderungen,

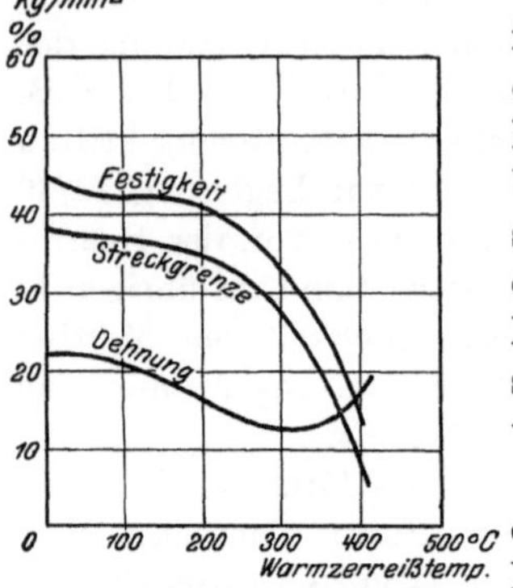

Abb. 46. Warmzerreißwerte von Messing 72/28.

welche eintreten, wenn Messingschaufeln im Betriebe zum Anstreifen kommen und durch die Reibung stark erhitzt werden. Die Streckgrenze und die Festigkeit fallen bei hoher Temperatur stark ab, der Werkstoff wird bröcklig. Dies ist ein Vorteil, denn dadurch, daß in solchem Falle das Messing an Zähigkeit verliert und nicht sehr „schmiert", wird größerer Schaden verhütet.

Veränderung der Eigenschaften durch Kaltbearbeitung und Glühung. Die Veränderung der Festigkeitswerte durch Erwärmung von Schaufeln, die kalt bearbeitet sind und normale Eigenschaften haben, zeigt Abb. 47. Wie ersichtlich, beginnt bei Glühung in der Gegend von 300° C das Sinken der Streckgrenze und das Steigen der Dehnung. Hiermit ist eine Gefügeveränderung verbunden, die eine wesentliche Rolle spielt bei der Frage der Werkstoffgüte und einwandfreien Verarbeitung der Messingsorten mit homogenem α-Kristallgefüge, zu denen Ms 72/28 und 70/30 gehören. Ausgehend

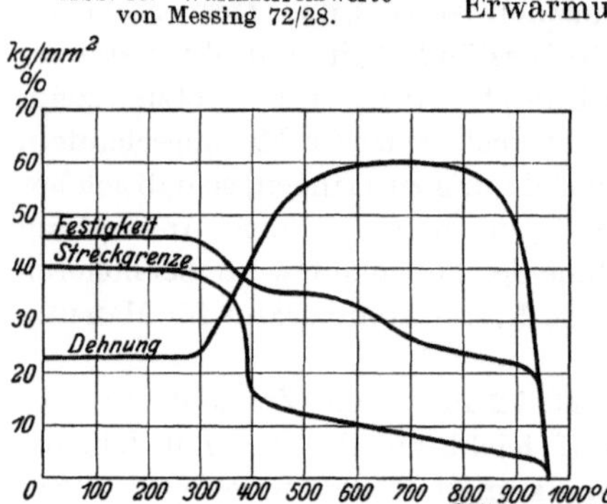

Abb. 47. Einfluß der Glühtemperatur auf die Festigkeitseigenschaften von Messing 72/28.

von dem als halbhart zu bezeichnenden Zustande des fertigen Schaufelmessings ergeben sich durch Glühen auf 450 bzw. 750° C und anschließendes langsames Erkalten im Ofen etwa nachstehende Korngrößen[1]:

> 1. hartgewalzt, nicht geglüht . . .　8280 μ^2
> 2. 12 h bei 450° geglüht . . . . .　400 „
> 3. 12 h bei 750° geglüht . . . . .　10610 „

Durch Glühen bei 450° ist also Rekristallisation, Kornverfeinerung eingetreten; Glühung bei 750° hat aber gegenüber dem gezogenen Ausgangszustand zu einer wesentlichen Kornvergröberung geführt. Diese hat zur Folge, daß bei Auswalzen ungleichförmiger Profile der Halt zwischen den Kristallen, die nicht mitgedrückt werden, sich stellen-

---

[1] Köhler: Zbl. H. u. W. 1928, S. 236.

weise lockert, so daß dann bei der folgenden Glühung an diesen Stellen
Risse auftreten können. Der Zusammenhalt ist gelöst, die Seitenwände
des Risses oxydieren während der Glühung in rotwarmem Zustande,
und bei der nachfolgenden
Kaltbehandlung klaffen die
Stellen auf.

Die Folgen eines zu gro-
ben Kornes zeigen sich außer
am Auftreten solcher kleinen
Risse auch an mangelhafter
Einschnürung bei Zerreiß-
prüfung, wie Abb. 48 wiedergibt. Während das feinkör-
nige Messing tadellose Ein-

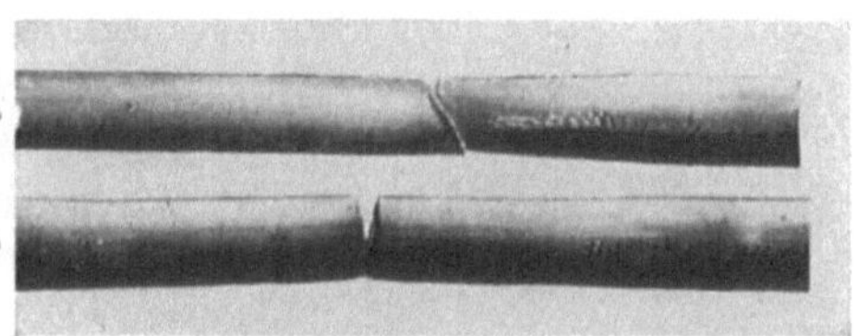

Abb. 48. Verschiedenartige Zerreißproben von Messingschaufeln Ms 72/28,
a mit feinkörnigem Gefüge, gute Einschnürung,
b mit grobkörnigem Gefüge, keine Einschnürung.

schnürung zeigt, fehlt diese bei dem grobkörnigen ganz. In den Festigkeitswerten kommt dies allerdings kaum zum Ausdruck, wie nachstehende Ziffern zeigen:

	Streckgrenze kg/mm²	Festigkeit kg/mm²	Dehnung %
a feinkörnig, gute Einschnürung	33,2	40,8	36,6
b grobkörnig, keine Einschnürung	36,1	42,1	27,8

Durch zu hohe Glühung überhitztes und grobkörnig gewordenes
Messing läßt sich durch Glühung bei niedriger Temperatur (550—600°)
wieder in den feinkörnigen Zustand bringen.

Die Warmverarbeitbarkeit des hochkupferhaltigen Messings ist
gering. Zum Warmwalzen eignen sich Ms 72/28 und 70/30 nicht, dagegen sehr wohl Ms 58/42. Die Schmiedbarkeit des Ms 72/28 nimmt von
550 oder 600° an langsam zu, um dann wieder abzufallen, bis bei noch-
maliger Steigerung auf 700° das Maximum erreicht wird. Der Tempe-
raturbereich für Schmieden ist demnach sehr klein. Bei Ms 60/40 nimmt
die Schmiedbarkeit von 400—650° allmählich zu, um sodann bis zum
Schmelzpunkt rasch zu wachsen.

Beim Einlöten von Bindedrähten zur Versteifung der Schaufeln
werden diese durch die Erwärmung an der Lötstelle selbstverständlich
weich. Diese Stellen liegen aber in demjenigen Teile der Schaufeln,
der nur geringe Beanspruchungen auf Zug und Biegung erleidet.

Umgekehrt wird durch Vernieten des Deckbandes im oberen
Schaufelteil und im Nietkopf eine Stoffverdichtung und Struktur-
veränderung hervorgerufen, durch welche die Festigkeitswerte steigen,
wie Abb. 49 zeigt. Die Festigkeitszahlen sind den wertvollen Untersuchungen von Roth, Elbing[1], entnommen. Die Anfangsfestigkeit von

---

[1] C. Roth: Jahrbuch der Schiffbautechn. Ges. 1916. Berlin: Julius Springer.

41 kg/mm² ist auf 64 kg/mm² am Rande gestiegen. Die zu diesen Festigkeiten gehörigen Streckgrenzen sind etwa 30 kg/mm² und 60 kg/mm². Durch probeweises Verlöten eines solchen Nietkopfes wurde festgestellt, daß die Festigkeit von ca. 64 kg/mm² auf 32 kg/mm² zurückging, was einer Streckgrenze von nur 10 kg/mm² nach dem Löten entspricht. Das Verlöten der Niet-köpfe an Messingschaufeln ist infolgedessen nicht zweckmäßig und nicht gebräuchlich. Anderseits ist eine Erhöhung der Eigenspan-nungen des vernieteten Kopfes bis zur Sprö-digkeit bei dem sehr bildsamen Messing 72/28 nicht sehr zu befürchten, wenn die Nietarbeit einigermaßen sachgemäß ausgeführt wird.

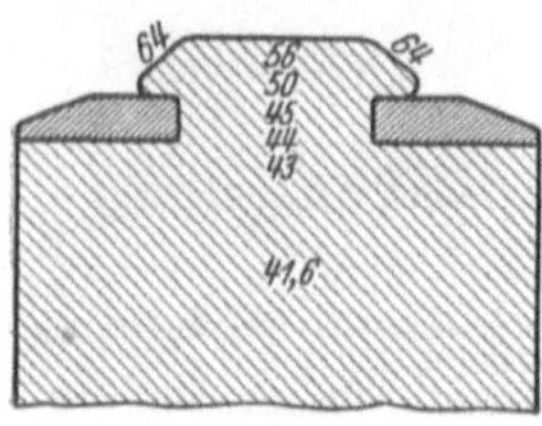

Abb. 49.   Festigkeitswerte im Nietkopf einer Messingschaufel.

Zur Klärung der Frage, ob man den mit eingelöteten Drähten versteiften Schau-feln, oder den mit Deckband vernieteten den Vorzug geben soll, wurden von Roth umfangreiche Versuche angestellt. Er kam zu dem Ergebnis, daß Bindungen, die durch kräftige, gut auf die Schaufelköpfe aufgenietete Bandagen hergestellt sind, widerstandsfähiger sind, als die Versteifung, die durch eingelötete Bindedrähte erzielt wird. Durch ähnliche, von anderer Seite durchgeführte, auch sehr eingehende Ver-suche wurde wiederum festgestellt, daß ein Vorteil der Deckbandbin-dung gegenüber reiner Drahtbindung nicht besteht. Drahtbrüche traten nur ein, wenn der Kopfdraht zu schwach war. Aus der großen Verbreitung der Drahtbindungen läßt sich schließen, daß diese Be-festigungsart, welche auch den Vorteil größerer Billigkeit hat, als ge-nügend sicher angesehen wird.

Roth untersuchte ferner durch eingehende Vergleichsprüfungen die Frage der größeren Steifigkeit bei Segmentbeschauflung, d. h. bei Einsetzen der Schaufeln in Gruppen, die einzeln für sich feste Segmente bilden, oder bei Umfangbeschauflung, d. h. bei Beschauf-lung des ganzen Umfangs Stück für Stück. Seine Folgerungen und die Urteile anderer maßgebender Turbinenfachleute lassen darauf schließen, daß beide Befestigungsarten gleich zu bewerten sind. Im Inlande ist die Umfangsbeschauflung üblich, der englische und der amerikanische Turbinenbau ziehen teilweise die Segmentbeschauflung vor.

Messing für Dichtungsringe und Zwischenstücke.

Messing 62/38 ist ebenfalls noch gut kalt bearbeitbar. Es wird in fertig gezogener Profilform, manchmal in weich geglühtem Zustande für Dichtungsringe verwendet.

Messing 58/42 ist sog. Hartmessing oder Preßmessing. Seine Festigkeitswerte sind:

	Festigkeit kg/mm²	Dehnung %
gezogen	60	5
geglüht	46	37
Die Verwendung kann erfolgen in einem mittel-weich gezogenen Zustande mit etwa . . .	50	18

Dieses Messing wurde als Zwischenstückmaterial eingeführt für Befestigungsarten, die ein Durchziehen von Draht durch das Zwischenstück vorschreiben, da Ms 58 sich viel leichter bohren läßt als die Messingqualitäten mit höherem Kupfergehalt. Dieser Grund besteht für die Beibehaltung der Hartmessinglegierung nicht mehr, da diese Befestigungsart wieder fallen gelassen wurde. Ob der etwa 10—20% geringere Preis des 58er Messings den Vorzug der Weichheit des Messings mit höherem Kupfergehalt aufwiegt, sei dahingestellt. Im Landturbinenbau wird allgemein, im Schiffsturbinenbau teilweise, desgleichen auch im Auslande, an den weicheren Legierungen 72/28 oder 70/30 festgehalten. Vereinzelt wird auch Messing 62/38 oder 68/32, weich geglüht, für Zwischenstücke verwendet.

Physikalische Eigenschaften. Das spezifische Gewicht von Messing 72/28 beträgt 8,5, von 58/42 8,4. Die Wärmeausdehnung eines Stabes von 1 m Länge bei Erwärmung von 0—100° C beträgt etwa 2 mm.

3. Sondermessinge und verschiedene Nichteisenmetalle.

Allgemeines. Unter der Bezeichnung Sondermessinge werden diejenigen Kupferzinkerzlegierungen zusammengefaßt, die durch Zusätze von Nickel, Eisen, Mangan oder Aluminium besondere Eigenschaften, die wichtig für die Eignung als Turbinenschaufelwerkstoff sind, also meist höhere Festigkeitswerte als Messing 72/28 erlangt haben. Ihre Anwendung ist aus dem Bestreben entstanden, nicht-korrodierende Schaufeln mit den Festigkeitswerten von Nickelstahl zu verwenden. Durch die Zusätze sind meist recht brauchbare Sonderlegierungen geschaffen worden, die durchaus nicht nur als Ersatzwerkstoffe anzusehen sind. Die manchmal für diese Sondermessinge gewählte Bezeichnung als Bronzen ist sachlich unrichtig; sie soll nur auf höhere Festigkeitswerte usw. gegenüber dem einfachen Messing hindeuten.

Eigenschaften. Außer den höheren Festigkeitseigenschaften bei normaler Temperatur und bei Erwärmung bieten die Sondermessinge größeren Widerstand gegen Erosion als Messing, so daß sie auch in dieser Hinsicht in vielen Fällen höhergestellten Ansprüchen genügen. Sie haben aber fast alle die nachteilige Eigenschaft, daß sie weniger bildsam sind als Messing 72/28, Monel oder weicher Stahl. Die Sondermessinge werden auch bei Kaltbearbeitung schneller hart und spröde, so daß sowohl die Anfertigung von gezogenen Profilstäben als auch das Vernieten von fertigen Beschauflungen Sachkenntnis und große Aufmerksamkeit erfordert, ganz besonders, wenn die Legierung hohen Zinkgehalt aufweist.

Für Schaufelmaterial haben zeit- oder probeweise u. a. folgende Sondermessinge und Nichteisenmetalle Verwendung gefunden:

Mangannickelmessing	Duranametall
Nickelmessing	Aluminiumbronze
Deltametall	Rübelbronze
Nickelkupfer	Aeternametall
Ni-Cu 42, Ni-Cu 65	Aluminiumlegierungen
Admiro	

Mangan-Nickel-Messing.

Zusammensetzung: 51 % Cu   1 % Fe
                 41 % Zn   1,5 % Mn
                  5 % Ni   0,25 % Al

Festigkeitswerte, ermittelt an Material, das durch Ziehen in Profilform verarbeitet wurde:

Streckgrenze kg/mm²	Festigkeit kg/mm²	Dehnung %	Streckgrenze kg/mm²	Festigkeit kg/mm²	Dehnung %
42,8	54,5	34,4	42,0	59,0	24,2
48,0	53,2	26,2	41,1	65,0	19,8
52,7	64,0	28,5	52,6	60,9	20,0

Verarbeitung rotwarm und kalt möglich, aber weniger bildsam als Messing 72/28.

Besondere Eigenschaften: Gegen Wasser und Dampf beständig, gegen verdünnte organische Säuren ziemlich beständig. Erosionsfester als Messing 72/28. Verwendungsgebiet vor allem bei Schiffshauptturbinen.

Physikalische Eigenschaften: Wärmeausdehnung 1,75 mm je 1 m und 100° Erwärmung.

Nickelmessing.

Zusammensetzung[1]: etwa 50 % Cu   höchstens 0,5 % Fe
                    „   40 % Zn   „   0,1 % Pb
                    „   10 % Ni

Diese Legierung liegt an der Grenze zu den Neusilberlegierungen, wie hochnickelhaltige Messinge mit 12—26 % Nickelgehalt bezeichnet werden. Ihre Farbe ist gelblichweiß. Die Eigenschaften sind ganz ähnlich wie bei Mangannickelmessing.

HD-Bronze (Heißdampfbronze).

Zusammensetzung[2]: 86,4 % Cu   0,1 % Si
                    11,9 % Mn   Spuren Ni
                     1,4 % Fe

Mechanische Eigenschaften: An geglühten Rundproben wurden folgende Werte festgestellt (Zerreißdauer von Erhalt der Elastizitätsgrenze ab bis zum Bruch = 10 Minuten).

---

[1] Lasche-Kieser: Konstruktion und Material im Bau von Dampfturbinen, 3. Aufl. Berlin: Julius Springer 1925.

[2] A. Pomp: Metallwirtschaft 1928, H. 19, S. 559.

Zerreiß-temperatur °C	Proportio-nalitäts-grenze kg/mm²	Elastizi-tätsgrenze	Fließgrenze kg/mm²	Zug-festigkeit kg/mm²	Dehnung $l = 10\,d$ %	Ein-schnürung %
20	17,5	27,0	29,6[1]	44,6	25,3	67,4
100	17,8	23,7	25,9[1]	43,2	26,5	66,9
200	17,5	23,7	25,9[2]	45,5	26,3	58,9
300	10,8	16,8	26,3[2]	41,2	28,5	52,4
400	7,8	13,8	24,2[2]	35,5	26,5	42,5
500	0,0	2,5	8,8[2]	20,4	41,5	75,3

Geglühte Turbinenschaufeln aus HD-Bronze ergaben folgende Werte:

Zerreiß-temperatur °C	Streck-grenze (0,2 % bl. Dehnung) kg/mm²	Zug-festigkeit kg/mm²	Dehnung $Q = 42\,mm^2$ $l = 60\,mm$ %	Bemerkungen
20	22	42,4	28,4	Bruch an der Einspannstelle
200	19,8	43,9	26,1	Bruch außerh. Meßlänge
300	19,6	42,8	24,0	Bruch an der Einspannstelle
400	18,9	35,8	30,0	
450	16,4	29,0	30,4	
500	11,0	21,5	34,6	

Leider liegen keine Versuchsergebnisse mit Turbinenschaufelmaterial in dem üblichen, halbweich gezogenen Zustande mit etwa 40 kg/mm² Streckgrenze bei min-destens 16 % Dehnung vor. Das Ausglühen bei den Proben der obigen Zahlenreihen geschah lediglich, um für die Feststellung der einzel-nen Daten im Warm-zerreißversuch eine ge-wisse Normalisierung des Metalls zu haben.

Die angegebenen Werte sind in Abb. 50 und 51 in Schaulinien aufgetragen. Während die Elastizitätsgrenze

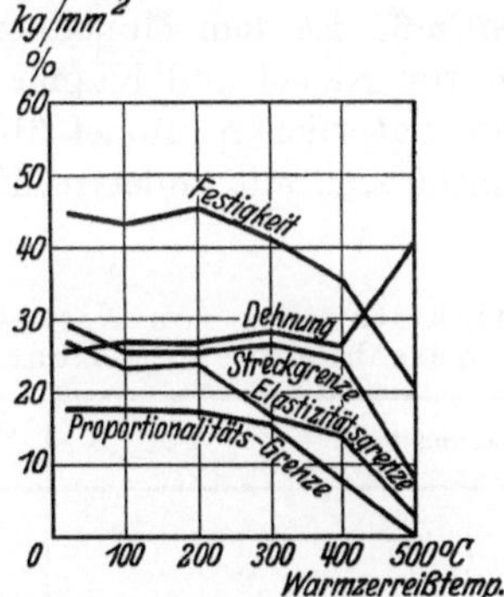

Abb. 50. Warmzerreißwerte von HD-Bronze (Rundstange) Zerreißdauer von El.-Gr. an 10 Min.

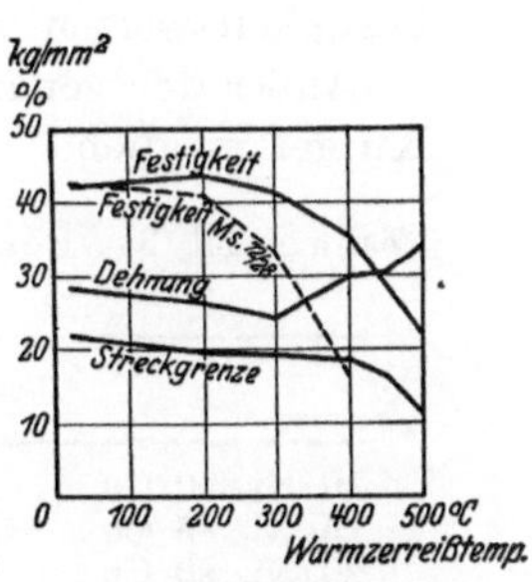

Abb. 51. Warmzerreiß-werte von HD-Bronze (Turbinenschaufel-material, geglüht) Zerreißdauer 15 Min.

schon von 200° an schneller zu niedrigeren Werten abfällt, ist der Rück-gang der Festigkeit bis 300° geringer als beim Messing 72/28, wie die zum Vergleich eingezeichnete Linie zeigt.

---

[1] Fließgrenze durch Fallen des Wagbalkens bestimmt.

[2] Deutliches Abfallen des Wagbalkens nicht mehr festgestellt. Fließgrenze = Spannung bei 0,2 % bleibender Dehnung.

4*

Eigenschaften bei Verarbeitung. Die HD-Bronze ist warm schmiedbar und läßt sich leicht kaltwalzen und ziehen.

Physikalische Eigenschaften. Ausdehnungskoeffizient und spezifisches Gewicht ähnlich wie bei Kupfer.

Nickelkupfer 15/79.
Zusammensetzung: 79 % Cu   4 % Fe
                  15 % Ni   2 % Mn
Festigkeitswerte wie bei Messing 72/28.
Verarbeitung: Kalt.
Besondere Eigenschaften: Widerstandsfähig gegen chemische Einflüsse.
Verwendungsgebiet: Landturbinen mit unreinem Dampf.

NiCu 42, NiCu 65.
Diese Werkstoffe sind Nickelkupferlegierungen mit 42 bzw. 65 % Nickel, Rest Kupfer. Festigkeitswerte von Stäben in Form von Schaufelmaterial:

	Streckgrenze kg/mm²	Festigkeit kg/mm²	Dehnung %
NiCu 42.	36—46	50—60	16—22
NiCu 65.	38—50	52—65	16—22

Besondere Eigenschaften: Widerstandsfähig gegen chemische Einflüsse, sehr plastisch.

Verwendungsgebiet: Landturbinen mit unreinem Dampf.

Die Legierung NiCu 65 ist dem Monelmetall identisch, aber durch Zusammenschmelzen von Nickel und Kupfer erzeugt. Sie wird in den Festigkeitswerten von natürlichem Monel übertroffen.

Außer den genannten sind alle anderen Mischungen von Nickel und Kupfer möglich.

Zahlentafel 3.   Festigkeitswerte von Nickelkupferlegierungen mit verschiedenen Ni-Gehalten.

Legierung in %	Zugfestigkeit kg/mm²	Dehnung %
10 Ni, 90 Cu	rund 28	rund 40
15 Ni, 85 Cu	„ 30	„ 40
20 Ni, 80 Cu	„ 31	„ 38
25 Ni, 75 Cu	„ 33	„ 36
30—33 Ni, Rest Cu	„ 42	„ 34
42—45 Ni, Rest Cu (Widerstandsmaterial)	„ 48	„ 38
66²/₃ Ni, Rest Cu (geglüht)	„ 50	„ 35—40
66²/₃ Ni, Rest Cu (gewalzt oder gezogen und angelassen)	„ 65	„ 20

Zahlentafel 3 zeigt die Veränderung der Festigkeitswerte bei den verschiedenen Gehalten an Nickel[1]. Bei rd. 67 % Nickel wird höchste Streckgrenze bei hoher Dehnung erzielt; mit abnehmendem oder zu-

---

[1] C. Schaarwächter: Werkstoff-Handbuch: Nichteisenmetalle M 9.

nehmendem Nickelgehalt fällt die Streckgrenze. Weitere Erhöhung ist daher nur durch andere Zusätze möglich. Dieselben müssen einen die Legierung härter machenden Charakter haben, ihr Maß ist durch die Forderung nach noch genügend hoher Dehnung bestimmt. Die Steigerung der Festigkeitswerte bei guter Bearbeitbarkeit ist in hohem Maße bei dem natürlichen Monel erreicht, zumal bei ihm der Zusammenhalt der Kristalle ein natürlicher und sehr inniger ist (s. S. 71).

Admiro.

Zusammensetzung: 35—40% Kupfer, 45—50% Zink, 1% Eisen, Mangan, Aluminium und 16—18% Ni.

Festigkeitswerte in Form als Schaufelprofil: Streckgrenze 40—50 kg/mm², Festigkeit 55—65 kg/mm², Dehnung mindestens 15%.

Besondere Eigenschaften: Erosionsfester als Messing 72/28, weniger bildsam. Es eignet sich eher zum Ausfräsen, als zum Kaltwalzen und Ziehen. Auch für Labyrinth-Dichtungsringe, die nicht eingestemmt werden, ist Admiro verwendbar.

Weitere Zusammensetzungen:

			Str.	F.	D.
Deltametall	54—56 Cu 40—43 Zn 1—1,5 Fe 1—2 Mn 0,4—1,5 Pb Spuren Ni	Hartgezogen Mittelhart geglüht	62 37	64 62	8,8 18,9
Duranametall	59 Cu 40 Zn 1 Sn 0,4 Pb 0,3 Fe	Nur für ganz kurze Schaufeln ohne hohe Beanspruchung. Die Legierung ist ziemlich hart und ähnlich der Marinelegierung 58/42 für Zwischenstücke.			
Aluminiumbronze	88 Cu 3 Al 3 Fe	Höhere Festigkeit als Messing; aber bei 70—140° temperaturempfindlich; so daß sie nicht mehr zur Anwendung kommt.			
Rübelbronze	58—60 Cu 38—40 Zn 2—3 Mn	Eigenschaften ähnlich Duranametall.			
Aeternametall	Kupfer-Aluminium-Legierung mit einer Reihe von Zusatzmetallen. Zinkfrei	Höhere Festigkeit und Härte als Messing 72/28, auch bei höheren Temperaturen, geringere Dehnung. Spez. Gewicht 7,6.			

Lauchertalbronze $\left\{\begin{array}{ll} \text{Cu} & \text{Cu} \\ \text{Ni oder} & \text{Zn} \\ \text{Mn} & \text{Al} \\ \text{Al} & \text{Ni} \end{array}\right.$ Höhere Festigkeit als Messing 72/28, auch bei höheren Temperaturen. Weniger plastisch.

Die Verwendung von Leichtmetall, besonders Aluminiumlegierungen, zu Turbinenschaufeln, ist unter gesetzlichen Schutz gestellt. Mit Erfolg angewendet worden ist Leichtmetall für diesen Zweck bisher noch nicht; die Aussichten hierfür sind auch gering, da Aluminium und seine Legierungen nicht beständig sind gegen die Einwirkung von Dampf. Die sich infolge der nahen Verwandtschaft des Aluminiums zu Sauerstoff bildende Oxydhaut Al_2O_3, welche das Aluminium an der Luft vor weiterer Oxydation sehr kräftig zu schützen vermag, wird im strömenden Dampf weggespült, und das Aluminium darauf schnell zerfressen. Ferner ist die thermische Ausdehnung der Leichtmetalle erheblich größer als die des Eisens, z. B. die von Aluminium doppelt so groß.

B. Eisenlegierungen.

Trotz umfangreicher Literatur über die in Betracht kommenden Stähle und eingehender Angaben in den Druckschriften der Stahlwerke sind diese Qualitätsmitteilungen für die Beurteilung der Stähle als Schaufelmaterial nur zu einem geringen Teil verwendbar. Bei fast allen Festigkeitsprüfungen handelt es sich um Rundproben, die wegen günstiger Dehnungsziffern in den Werten höher liegen als Schaufelprofilformen. Ferner sind fast stets nur die Werte für weichgeglühten oder für hochvergüteten Zustand angegeben. Weichgeglühter Stahl ist aber für Schaufelmaterial zu weich, bei hochvergütetem ist meist die Streckgrenze sehr hoch, aber die Dehnung zu gering. Zudem gibt es für den vergüteten Zustand je nach der Höhe der Anlaßtemperatur sehr viele Abstufungen. Es werden daher in nachstehendem die für Schaufeln möglichen Zustände zugrunde gelegt und für diese die Werte angeführt, die als Normalwerte gelten können. Wo Prüfungen von Schaufelstäben mit Profilquerschnitten ausnahmsweise nicht vorliegen, wird besonders angegeben, daß es sich um Rundproben handelt.

1. Kohlenstoffstahl.

Infolge der eingeschränkten Verwendung von Sparmetall während des Krieges wurde vielfach an Stelle des Nickelstahles nicht legierter, d. h. nicht mit hochwertigen Beimengungen legierter, einfacher Kohlenstoffstahl für Schaufeln verwendet. Die Anforderungen bezüglich der Festigkeitswerte blieben dieselben wie für Ni-Stahl. Im allgemeinen lagen jedoch die Dehnungen niedriger als bei diesem. Da auch die Gleichmäßigkeit der Chargen nicht an diejenigen des Ni-Stahls heranreichte, was allerdings auf die starke Inanspruchnahme der Stahlwerke für Heereslieferungen zurückzuführen war, griff man später allgemein wieder auf 5 proz. Ni-Stahl zurück. Es ist aber anzunehmen, daß es heute möglich ist, C-Stahl für Schaufeln mit derselben Gleichmäßigkeit und mit fast der gleichen Zähigkeit und Schwingungsfestigkeit zu liefern, wie 5 proz. Ni-Stahl. In Amerika wird bekanntlich der weiche C-Stahl, allerdings meist in warm geschmiedeter Form und in vergütetem Zustande, vielfach zu Schaufeln verwendet.

C-Stahl ist im deutschen Normenblatt unter DIN 1611, 1612, 1661 zusammengefaßt. Der Unterschied von 1611 und 1612 gegen 1661 besteht im Reinheitsgrad, der bei 1661 höher ist; ferner ist bei der Gruppe DIN 1661 außer auf Reinheit und Festigkeit besonderer Wert auf Gleichmäßigkeit und Genauigkeit in der chemischen Zusammensetzung gelegt.

Die Baustoffe des DIN-Blattes 1611 kommen für diejenigen Teile des Maschinenbaues in Betracht, die keiner besonderen Wärmebehandlung durch Härten und Vergüten unterworfen werden. Die Normbezeichnung unterscheidet dabei die Stahlarten durch die ersten beiden Ziffern der Normnummer: St. 50.11 und 60.11 sind Stähle mit mindestens 50 bzw. 60 kg Festigkeit.

Das DIN-Blatt 1661 enthält die Bezeichnung derjenigen Qualitäten, die infolge ihrer Reinheit auch in gehärtetem bzw. vergütetem Zustande verwendet werden können. Die Normbezeichnungen unterscheiden die einzelnen Arten durch Angabe des mittleren Kohlenstoffgehalts, z. B. enthält St. C. 10.61 im Mittel 0,10% C, der Stahl St. C. 45.61 im Mittel 0,45% C.

Sollte für Schaufelmaterial unlegierter C-Stahl Verwendung finden, so käme nur ein solcher von möglichst großer Reinheit, also eine Qualität der Gruppe DIN 1661 in Frage. Die Wahl hängt von den Festigkeitswerten ab, welche die Schaufeln in fertigem Zustande besitzen sollen. Es wäre denkbar, daß für Schaufeln mit geringer Zug- und Biegungs-, aber starker Erosionsbeanspruchung die Einsatzhärtbarkeit der niedrig gekohlten Sorten zur Anwendung gebracht wird. Die hierfür in Betracht kommenden billigen Stähle mit 0,18% C-Gehalt sind sehr plastisch, lassen sich demnach billig zu Schaufelformen walzen und ziehen. Durch die Einsatzhärtung wird dann mit geringen Kosten eine glasharte Oberfläche erzielt, ohne daß die Zähigkeit des Kerns beeinträchtigt wird. Eine weitere Verbesserung solcher Schaufeln wäre durch Verchromung möglich, gegen Erosion schützt dann die glasharte Oberfläche des Werkstoffs der Schaufel, gegen Korrosion die Verchromung.

Für höher beanspruchte Schaufeln würde eine der im DIN-Blatt 1661 unter Gruppe „Vergütungsstahl" aufgeführten Qualitäten zu wählen sein. Die Kosten des Walzens und Ziehens wären die gleichen wie bei Nickelstahl; der Gesamtpreis für fertig gezogene Profilstäbe würde demnach nur etwa 10% niedriger sein als der für Nickelstahlstäbe.

2. Nickelstahl.

Niedrigprozentiger Nickelstahl. Dieser gehört zur Gruppe der legierten Stähle, also der nicht nur mit Kohlenstoff, sondern auch mit anderen hochwertigen Elementen, wie Ni, Cr, Wo, Co, Va, Mo oder anderen, legierten.

Während das Ausland vielfach 3proz. Nickelstahl verwendet, wird im Inlande fast ausschließlich dem Nickelstahl mit 5% Nickel der Vorzug gegeben. Eine ausgesprochene Überlegenheit des 5proz. Nickelstahls über den 3prozentigen besteht jedoch nicht.

Hinsichtlich des Rostangriffs ist niedrigprozentiger Nickelstahl nur um ein geringes widerstandsfähiger als einfacher C-Stahl gleicher Festigkeitswerte. Nickel hat aber den großen Vorzug, bei der Herstellung reinigend auf die Schmelze einzuwirken und die Charge gleichmäßiger zu machen. Auch die Dehnung wird durch den Nickelgehalt vorteilhaft beeinflußt. Bemerkenswert sind ferner die Festigkeitseigenschaften des Nickelstahls gegenüber einfachem C-Stahl bei höheren Temperaturen und insbesondere die größere Kerbzähigkeit (Abb. 52 und

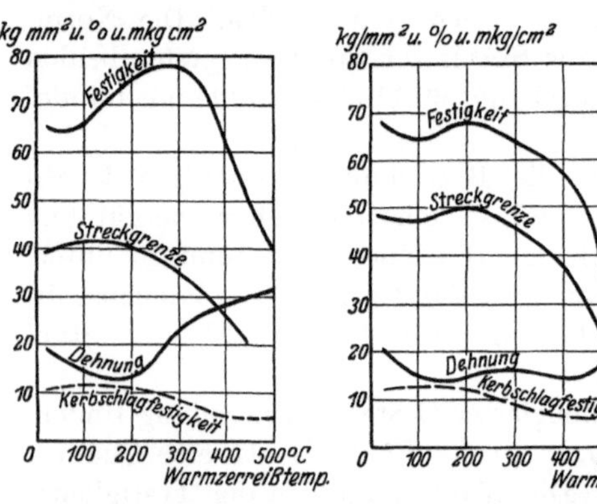

Abb. 52. Warmzerreiß-werte von C-Stahl (0,4 C).

Abb. 53. Warmzerreißwerte von 5proz. Nickelstahl.

53). Nickel ist der einzige Legierungsbestandteil, der auch in den größten vorkommenden Schmiedequerschnitten noch hohe Kerbzähigkeit hervorzurufen vermag.

In kleinen Dickenabmessungen vermögen allerdings auch Chrom, Wolfram, Molybdän oder Mangan hohe Kerbzähigkeit neben hoher Streckgrenze hervorzurufen. Mit wachsenden Querschnittsformen aber ist zur Steigerung der Zähigkeitseigenschaften eine Erhöhung des Nickelzusatzes erforderlich.

Bei reinen Nickelstählen ist ein Höchstzusatz von 5—6%, bei gleichzeitig mit Chrom, Wolfram oder Molybdän legierten Stählen ein solcher von 3—4% auch in den größten Querschnitten ausreichend.

Daß die Qualitätswerte nicht einfach mit zunehmendem Nickelgehalt zu verbessern sind, zeigen die Festigkeitswerte mit steigendem Nickelgehalt (Abb. 54). Wie ersichtlich, nimmt die Dehnung mit einem höheren Gehalt als 5% stark ab.

In nachstehender Zahlentafel 4 sind die Festigkeitswerte von unlegiertem C-Stahl, Chromnickelstahl und reinem 5proz. Nickelstahl für verschieden große Schmiedeteile zusammengestellt[1], und zwar sind für eine bestimmte Bruchfestigkeit der Stähle obere und untere Grenzwerte für die Streckgrenze, Dehnung und Kerbzähigkeit angegeben. Innerhalb dieser Grenzen liegen, je nach Form und Abmessungen von Schmiedestücken für verschiedene Konstruktionszwecke, vom kleinsten Bauteil bis zur größten Schiffskurbelwelle, diejenigen Werte, welche bei Proben aus der Streckschmiederichtung min-

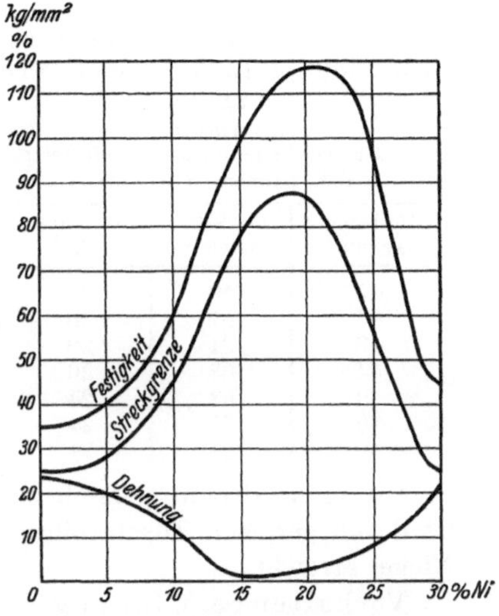

Abb. 54. Festigkeitswerte von Nickelstahl mit verändertem Ni-Gehalt (geglüht).

destens erreicht werden können. Turbinenschaufelmaterial hat kleine Querschnitte und bewegt sich in Höhe der ersteren, höheren Werte; die anderen Grenzwerte sind nur zur Übersicht bei Beurteilung der Werkstoffe mit aufgeführt.

Zahlentafel 4. Festigkeitswerte von C-Stahl, Chromnickelstahl und 5proz. Ni-Stahl bei kleinen bis größten Schmiedestücken.

Stahlart	Bruchfestigkeit kg/mm²	Streckgrenze bei kleinem bis größtem Querschnitt kg/mm²	Dehnung $l = 10\,d$ bei kleinem bis größtem Querschnitt %	Kerbzähigkeit (Probe 30 × 30 × 160 mit 4 mm Rundkerb bei kleinem bis größtem Querschnitt) mkg/cm²
C-Stahl (unlegierter Stahl)	45	30—22	24—20	16—6
	50	35—25	22—18	12—4
	60	38—28	20—16	9—2,5
	70	40—30	18—14	6—1,5
Chromnickelstahl	60	50—40	20—18	26—18
	70	60—45	18—16	24—16
	80	70—50	16—12	20—14
5proz. Nickelstahl	50	38—30	23—20	26—18
	60	48—40	20—18	24—16
	70	55—45	18—16	22—14

[1] K. Wendt: Z. V. d. I. 1922, S. 672. Die Werte für 5proz. Ni-Stahl sind nach Angaben der Fa. Fried. Krupp AG. hinzugefügt.

Die normalen Festigkeitswerte von gut bearbeitbarem 5proz. Nickelstahl in Form von fertig profiliertem Turbinenschaufelmaterial lassen sich in etwa folgenden Grenzen halten (auf volle Kilogramm abgerundet):

Zahlentafel 5. Festigkeitswerte von Schaufeln aus 5proz. Ni-Stahl.

I. Vorschrift:
40—48 kg/mm² Streckgrenze bei mindestens 18 % Dehnung ($l = 11{,}3\sqrt{Q}$)

Streckgrenze kg/mm²	Festigkeit kg/mm²	Dehnung %
45	59	20
41	57	26
43	64	20
44	63	26
40	63	24
40	55	24
40	54	24

Zahlentafel 6. Festigkeitswerte von Schaufeln aus 5proz. Ni-Stahl (P-Stahl).

II. Vorschrift:
45—55 kg/mm² Streckgrenze bei mindestens 15 % Dehnung ($l = 11{,}3\sqrt{Q}$)

Streckgrenze kg/mm²	Festigkeit kg/mm²	Dehnung %
56	63	19
50	59	21
50	62	17
57	64	20
57	65	17
57	63	18
56	64	17

Die Höhe der in vorstehender Zahlentafel 6 aufgeführten Werte ist durch geringen Zusatz eines weiteren Legierungsbestandteiles zum Nickel erreicht.

Verhalten bei Glühung. Das Erweichen kalt bearbeiteten Nickelstahls durch Glühung bei verschiedenen Temperaturen zeigt Abb. 55.

Die Warmzerreißkurve eines Stabes von 48 kg/mm² Streckgrenze zeigt Abb. 53, diejenige eines 5proz. Nickelstahles mit einem weiteren

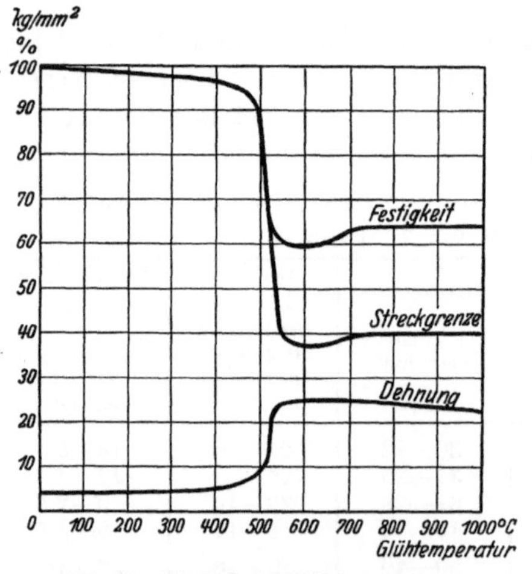

Abb. 55. Einfluß der Glühtemperatur auf 5proz. Ni-Stahl.

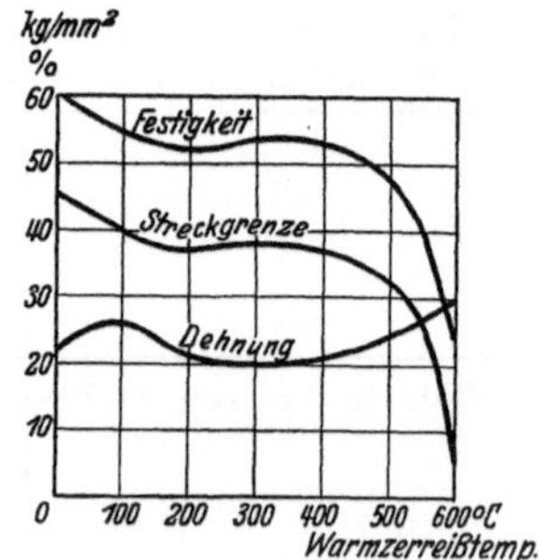

Abb. 56. Warmzerreißwerte von 5proz. Ni-Stahl (P-Stahl).

Legierungsbestandteil zur Erzielung höherer Streckgrenze (P-Stahl) Abb. 56.

Physikalische Eigenschaften: Ausdehnungskoeffizient: $12 \cdot 10^{-6}$; spez. Gewicht 7,88.

25proz. Nickelstahl. Zur Vermeidung der Rostgefahr wurde in den Jahren 1906—1910 vielfach 25proz. Nickelstahl für Lauf- und Leitschaufeln verwendet. Er hat sich jedoch nicht bewährt, weil er, offenbar unter dem Einfluß des feuchten Dampfes und zumal bei Vorhandensein der bei der Anfertigung aufgetretenen Reckspannungen, rissig und mürbe wurde (Abb. 57). Dieser Fehler trat jedoch nicht einheitlich auf. Vielmehr fanden sich innerhalb der gleichen Reihe schadhaft gewordene und völlig unversehrte Schaufeln. An letzteren konnte ohne Anzeichen von Mürbheit eine Umbiegung um 90⁰ vorgenommen werden (Abb. 58). Tatsache ist auch, daß manche Beschauf-

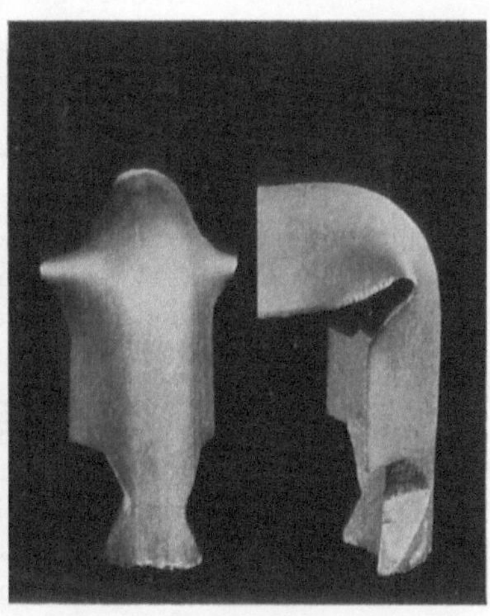

Abb. 57. Lauf- und Leitschaufeln aus 25% Ni-Stahl mit Querrissen.

Abb. 58. Laufschaufeln aus 25% Ni-Stahl aus demselben Rade noch völlig unversehrt (zur Prüfung umgebogen).

lungen aus 25proz. Nickelstahl noch nach 10 Jahren unversehrt waren und weder an ihrer Oberfläche noch in den Festigkeitswerten Veränderungen aufwiesen[1]. Mit Rücksicht auf die Defekte wurden aber doch nach und nach alle Schaufeln aus diesem Werkstoff aus den Turbinen ausgebaut und seitdem ist von seiner Verwendung Abstand genommen worden.

3. Zwei- bis dreiprozentiger Chromstahl.

Dieser seit zwei Jahrzehnten vereinzelt verwendete Baustoff hat sich im Dauerbetriebe, besonders bei kleinen Dampfturbinen, gut bewährt. Die Festigkeitswerte des 2—3proz. Chromstahls sind etwa 10% höher als diejenigen des 5proz. Nickelstahls; die Dehnung da-

---

[1] Lasche-Kieser: Konstruktion und Material im Bau von Dampfturbinen. 3. Aufl. Berlin: Julius Springer 1925.

gegen ist etwas niedriger. Während 5proz. Nickelstahl etwa 18—26%
Dehnung besitzt, weist Chromstahl eine solche von 14—18% auf. Aus
diesen Werten und der etwas geringeren Kaltbildsamkeit ist zu schließen,
daß 2—3proz. Chromstahl gegen Erosion etwas widerstandsfähiger ist als 5proz. Nickelstahl.

Normale Werte für fertige Schaufel-
profilstäbe aus 2—3proz. Chromstahl
sind (auf volle Kilogramm abgerundet):

Streckgrenze kg/mm²	Festigkeit kg/mm²	Dehnung %
45	·69	16
53	67	18

Physikalische Eigenschaften: Wie bei 5proz. Nickelstahl.

4. Chromnickelstahl.

Neben den reinen Nickelstählen gelten die Chromnickelstähle
(ca. 3,5% Nickel, ca. 1% Chrom) wegen ihrer höheren Streckgrenze
und ihrer Vergütbarkeit als die bevorzugten Konstruktionsstähle für
höhere Beanspruchungen im Kraftmaschinenbau. Für Turbinenschaufeln hat Chromnickelstahl jedoch nicht die ausgedehnte Verwendung gefunden, die man hiernach erwarten sollte. Der Grund
dürfte darin liegen, daß die Vergüteigenschaften, in denen Chromnickelstahl dem einfachen Nickelstahl überlegen ist, bei profiliertem Turbinenschaufelmaterial nicht zur Geltung kommen, da durch Kaltbearbeitung und Anlassen gleiche Gütewerte bei 5proz. Nickelstahl
erzielt werden. Ferner wurde für die Steigerung der Umdrehungszahlen
der Turbinen auf 3000/min die Forderung nach der notwendigen höheren
Streckgrenze der Schaufeln durch die gleichzeitig in Aufnahme ge-
kommenen hochprozentigen Chromstähle erfüllt, die außerdem den
überragenden Vorzug der Rostsicherheit haben.

5. Hochprozentiger Chromstahl; nichtrostender Stahl.

Einteilung. Die sog. nichtrostenden oder rostfreien Stähle
gehören zur Gruppe der hochprozentigen Chromnickelstahllegierungen.
Die Bezeichnung „nichtrostender Stahl" umfaßt zwei in der Zusammensetzung, im Gefüge und in den Eigenschaften sehr verschiedene Legierungen. Die martensitische VM-Gruppe ist vorwiegend als Kon-
struktionsstahl zu betrachten und für Turbinenschaufeln vorzüglich
geeignet. Durch kleine Veränderungen im Kohlenstoff- oder Nickelgehalt wird eine weichere und eine etwas härtere Qualität erzeugt.

Die andere Legierung ist austenitisch, nicht härtbar, übertrifft aber
die erstere an Rostsicherheit. Sie ist unmagnetisch und sehr geeignet
für chemische Apparaturen und chirurgische Instrumente. Aber wegen
ihrer niedrigen Streckgrenze und der Unsicherheit, ob sie im Dampfbetriebe brüchig wird, wie der ebenfalls austenitische 25proz. Nickelstahl, findet sie für Turbinenschaufeln wenig Anwendung. Immerhin
ist die hohe Erosionsfestigkeit beachtenswert. Zum Unterschiede von

der ersteren, der VM-Gruppe, wird der austenitische Stahl als „nichtrostender VA-Stahl" bezeichnet (von V 2 A = Bezeichnung der Firma Fried. Krupp AG. abgeleitet).

Die Zusammensetzung ist wie folgt:

	Kohlenstoff	Cr	Ni
Gruppe Ia: Nichtrostender Weich- stahl, VM-Gruppe (V 5 M)	0,15—0,2	12—16	sehr gering
Gruppe Ib: Nichtrostender Stahl, VM-Gruppe (V 1 M) . . .	0,15—0,2	12—16	gering
Gruppe II: Nichtrostender VA- Stahl (V 2 A)	0,1—0,4	18—20	7—12

Für Turbinensysteme, bei denen die Schaufeln in den Guß des Rades oder Düsenkörpers eingegossen werden, wobei normaler nichtrostender Stahl mit 0,15—0,2 C an der Eingußstelle hart und spröde wird, eignet sich eine noch kohlenstoffärmere Legierung mit etwa 0,09% C (V 11 M), bei welcher eine Härtung nur noch in stark verringertem Maße eintritt.

Die für weich geglühten, wenig Kohlenstoff enthaltenden Stahl der Gruppe Ia im In- und noch mehr im Auslande gebräuchliche Bezeichnung „nichtrostendes oder rostfreies Eisen (stainless iron)" wird absichtlich weggelassen, um eine Verwechslung mit den Eisensorten mit geringen Zusätzen von Kupfer oder Chrom zu vermeiden und weil hochchromhaltiger Stahl mit Festigkeitseigenschaften wie Eisen, also mit nur 35—40 kg/mm² Festigkeit, nicht herstellbar ist.

Die Bezeichnungen VM und VA sind von der Firma Krupp gewählt. Die Herstellung der VA-Stähle ist der Firma Fried. Krupp AG. durch Patente geschützt. Die VM-Gruppe wird jedoch auch von anderen Stahlwerken in gleicher Qualität erzeugt.

Anfertigung im In- und Auslande. Die Anfertigung der nichtrostenden Stähle steht unter Patentschutz. Auf dem Kontinent haben die deutschen, tschechoslowakischen und österreichischen Stahlwerke eine gemeinsame Benutzung der Patente vereinbart und mit den englischen Stahlwerken Abkommen geschlossen, wonach die Stahlwerke des Kontinents nicht nach England, die englischen Stahlwerke nicht nach Deutschland, der Tschechoslowakei und Österreich liefern.

Mechanische Eigenschaften. Durch Veränderung des C-Gehaltes sowie durch thermische Behandlung lassen sich die nichtrostenden VM-Stähle in jeder Härte mit Zugfestigkeiten zwischen 47 und 120 kg/mm² herstellen. Normale Garantiewerte sind:

1. für volle, rechteckige oder runde Querschnitte, gehärtet und angelassen, zum Ausfräsen: Streckgrenze 50—55 kg/mm², Festigkeit 65—75 kg/mm², Dehnung mindestens 16%;

2. für im Profil gewalzte und gezogene Stäbe, in Profilform zerrissen: Streckgrenze 40—48 kg/mm², Festigkeit 55—65 kg/mm², Dehnung mindestens 16 %.

In Zahlentafel 7 sind einige Ergebnisse behördlicher Prüfungen an fertigen Schaufelprofilstäben wiedergegeben.

Zahlentafel 7. Festigkeitswerte von nichtrostendem VM-Stahl (V 5 M).

Profil-art	Streck-grenze kg/mm²	Festigkeit kg/mm²	Dehnung $(l = 11{,}3\sqrt{Q})$ %	Biegezahl bis Bruch 90° und zurück = 1
⌣	47,9	60,0	21,1	9
,,	47,6	61,0	19,1	8
,,	50,1	63,6	19,6	7
,,	46,1	58,6	20,3	$9^1/_2$
,,	47,6	60,6	18,5	$7^1/_2$
,,	45,6	64,4	20,5	6
⌣	44,5	58,9	20,7	$7^1/_2$
,,	47,6	60,0	21,2	9
,,	47,5	59,9	25,6	11
,,	52,2	65,7	20,0	10
,,	50,8	66,4	22,4	$8^1/_2$
,,	53,5	70,8	21,2	$6^1/_2$
,,	51,0	68,3	22,0	7

Die geringe Streuung der Werte ist durch die ungleichmäßige Schaufelprofilform und die härtenden Eigenschaften des Stahls bedingt, sie läßt sich nur durch sehr genaue Prüfung während der Fabrikation in diesen engen Grenzen halten. Die thermische Behandlung und Vergütung hochchromhaltigen Stahls erfordert Erfahrung. Naturgemäß wärmen die dünnen Schenkel bei Glühung rascher durch, erkalten aber um so schneller. Die Glühzeit bei Erwärmung bzw. Abkühlung spielt aber für die Festigkeitswerte eine bedeutende Rolle. Die hierdurch bedingte Möglichkeit eines Gefügeunterschiedes und der steile Abfall der Streckgrenze mit steigen-

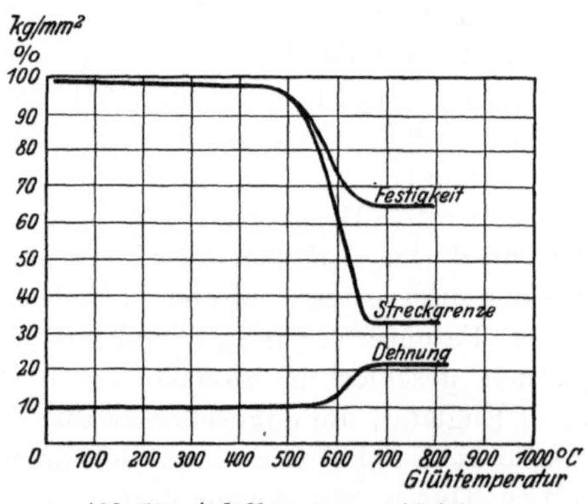

Abb. 59. Anlaßkurve von gehärtetem nichtrostenden Weichstahl (V 5 M).

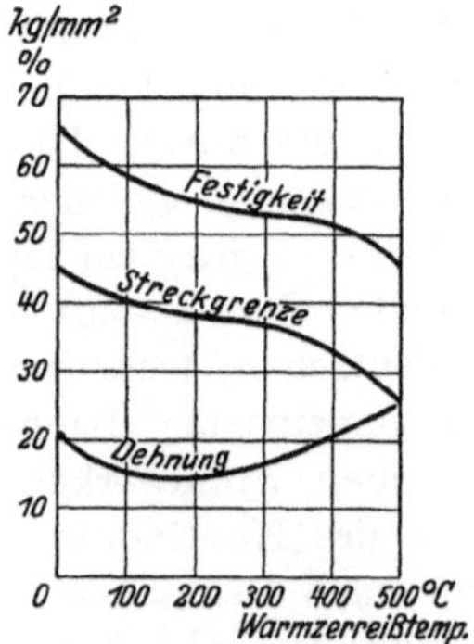

Abb. 60. Warmzerreißwerte von nichtrostendem Weichstahl (V 5 M).

der Temperatur beim Anlassen (Abb. 59) erschweren es, die Werte des gezogenen Schaufelmaterials aus hochchromhaltigem Stahl auf die Gleichmäßigkeit zu bringen, wie sie die Turbinenkonstrukteure vom Nickelstahl her gewohnt sind.

Warmzerreißwerte zeigt Abb. 60. Die sonst in der Literatur und in den Stahlwerksdruckschriften aufgeführten Warmzerreißkurven sind für Turbinenschaufelmaterial selten verwendbar, da ihnen meist hochvergütete Stäbe mit niedriger Dehnung und Rundproben zugrunde liegen.

Vergleicht man den Verlauf der Warmzerreißkurve von nichtrostendem Stahl mit demjenigen von 5proz. Nickelstahl, Abb. 53, so zeigt sich, daß ein starker Abfall der Streckgrenze bei rostsicherem Stahl zwischen 400 und 500⁰, bei Nickelstahl schon zwischen 300 und 400⁰ einsetzt.

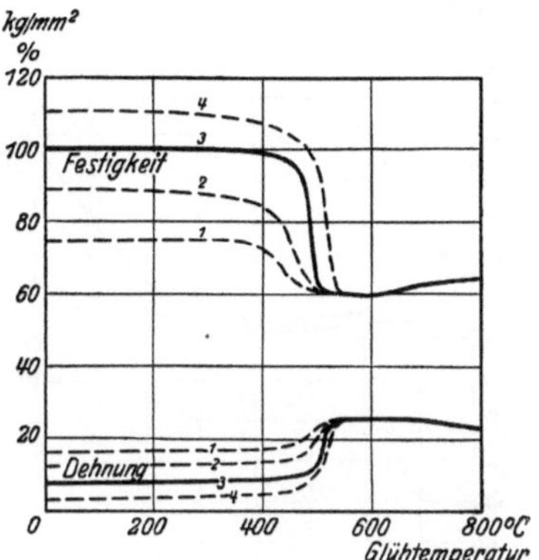

Abb. 61. Anlaßkurven von kalt bearbeitetem nichtrostenden Weichstahl (V 5 M).

Die Anlaßkurve eines vorher auf 110 kg/mm² Festigkeit gehärteten VM-Stahles und eines solchen mit fast normalen Werten für Schaufelmaterial, nämlich 75 kg/mm² Festigkeit, zeigt Abb. 61. Zwischen diesen Anlaßkurven liegen alle anderen, welche sich für Anfangsfestigkeiten zwischen 75 und 110 kg/mm² ergeben und etwa den punktierten Verlauf nehmen.

Aus der Härtungskurve, Abb. 62, ist zu ersehen, daß normales Schaufelmaterial mit 45 kg/mm² Streckgrenze ohne weiteres bis 750⁰ C erwärmt und rasch an der Luft oder in Öl abgeschreckt werden kann, ohne daß es hart wird. Erst bei 770⁰ tritt eine Härtung ein. Das ist wichtig für das erforderliche Löten oder Schweißen. Abb. 63 zeigt, in welcher Weise beim Schweißen von VM- bzw. VA-Stahl die Härtung in den verschiedenen Entfernungen von der Schweißstelle eintritt. Die Härtung kann nur durch Glühen wieder beseitigt werden. Aus Abb. 64 ist zu entnehmen, daß die Härtung der vorher geschweißten Stücke nach entsprechender Glühung wieder beseitigt ist[1].

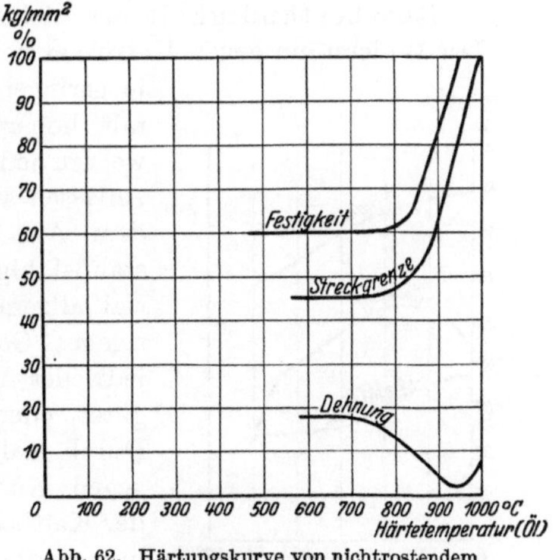

Abb. 62. Härtungskurve von nichtrostendem Weichstahl (V 5 M).

Die austenitischen VA-Stähle können nicht gehärtet, sondern nur durch Kaltbearbeitung auf größere Härte gebracht werden. Da dieser

---

[1] W. Hoffmann: Autogene Metallbearbeitung 1927, H. 24, S. 339.

durch Kaltbearbeitung herbeigeführte Zustand nicht die größte Widerstandsfähigkeit gegen Korrosion verbürgt und Eigenspannungen herbeiführt, kommt für Schaufeln nur die weichgeglühte Ausführung in Frage.

Über Festigkeitswerte bei Erwärmung s. Abb. 65. Normale Werte sind:

Streckgrenze . . 30—40 kg/mm²
Festigkeit . . . 70—80 „
Dehnung . . . 30—40 %

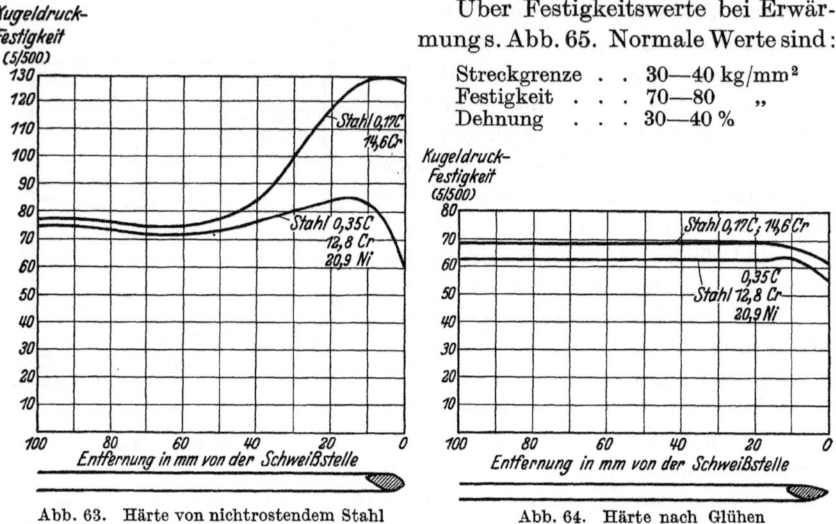

Abb. 63. Härte von nichtrostendem Stahl in der Nähe der Schweißstelle nach Schweißen.

Abb. 64. Härte nach Glühen der geschweißten Stelle.

Rostbeständigkeit der nichtrostenden Stähle beider Gruppen: Der Widerstand gegen Korrosion bei der VM-Gruppe ist um so größer, je geringer der Kohlenstoffgehalt ist. Stähle mit höherem C-Gehalt — über 0,4 % C — werden jedoch durch Vergütung (Härten und Anlassen auf gewünschte Dehnung kurz unter dem A-C-1-Punkt) gegen Korrosion widerstandsfähiger. Die für Turbinenschaufelmaterial allgemein verwendeten Stähle mit niedrigem C-Gehalt — unter 0,3 % C — sind nach jedweder Art der Wärmebehandlung, also vergütet oder weich geglüht, gleich rostsicher. Durch Kaltbearbeitung wird der Widerstand gegen Korrosion nicht beeinträchtigt, wenn der Kaltbearbeitung eine thermische Behandlung zur Beseitigung der Reckspannungen nachfolgt, was als selbstverständliche Regel gilt.

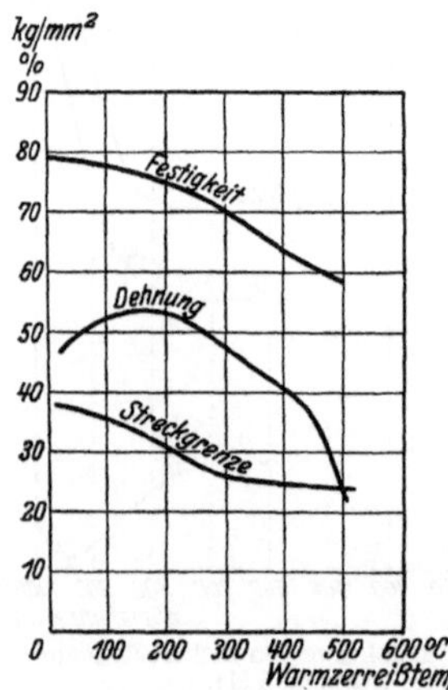

Abb. 65. Warmzerreißwerte von nichtrostendem VA-Stahl (V 2 A).

Die gegen Korrosion widerstandsfähigeren VA-Stähle müssen zur Erreichung höchsten Widerstandes gegen Korrosion am Schlusse der Kaltbearbeitung einer Glühung auf ca. 1150—1170⁰ C mit nachfolgendem Abschrecken in Wasser von 60⁰ C unterworfen werden.

Eigenschaften bei Kaltbearbeitung und Glühung. Alle nichtrostenden Stähle lassen sich kalt walzen und ziehen. Die Schwierigkeiten sind nicht wesentlich größer als bei anderen hochwertigen Stählen.

Die anzuwendenden Glühtemperaturen richten sich nach dem Kohlenstoffgehalt und der vorher durch Kaltbearbeitung oder thermische Behandlung erzeugten Härtung.

Physikalische Eigenschaften: Spez. Gewicht 7,75. Die Ausdehnung mit steigender Temperatur ist geringer als bei anderen Stählen und bei Messing. Nachstehende Werte für die Ausdehnung wurden vom „Bureau of standards" ermittelt:

Temperaturgebiet	Mittl. Ausdehnungskoeffizient
20—200° C	$10{,}7 \times 10^{-6}$
200—400° C	$12{,}2 \times 10^{-6}$
400—600° C	$13{,}3 \times 10^{-6}$
20—400° C	$12{,}5 \times 10^{-6}$

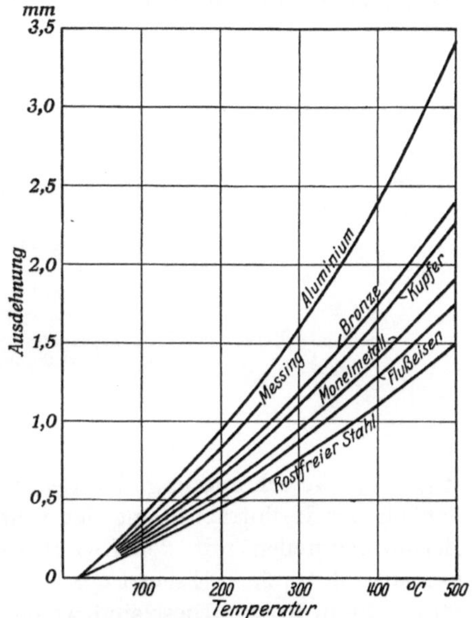

Abb. 66. Ausdehnung verschiedener Werkstoffe in mm bei Temperaturen bis 500° C (bezogen auf Stäbe von 250 mm Länge bei 20° C).

Verglichen mit den bekannten Ausdehnungskoeffizienten der anderen für Turbinenschaufeln gebräuchlichen Werkstoffe und Aluminium hat die Kurve für rostsicheren Stahl die günstigste Lage (s. Abb. 66).

6. Weicheisen und Stahl für Zwischenstücke.

Allgemeines. Die Zwischenstücke, auch Stemmstücke, Beilagen, Zwischenlagen oder Distanzstücke genannt, sollen sich leicht sägen und fräsen lassen und sich beim Einbau der Form der Schaufeln und der seitlichen Rillen gut anschmiegen. Während früher hierfür schwedisches Holzkohleneisen bevorzugt wurde, werden seit etwa 1912 ausschließlich Weicheisenmarken inländischer Stahlwerke verwendet, die in Weichheit und Eignung dem schwedischen Holzkohleneisen nicht nachstehen und überdies billiger sind.

Festigkeitseigenschaften. Wenn die Schaufeln selbst durch seitliche Nuten gehalten werden und die Zwischenstücke nur als Distanzstücke dienen sollen, dürfte die weichste Qualität mit 0,1 bis 0,2 % C und etwa 22—28 kg/mm² Streckgrenze und 25—30 % Dehnung genügen. Werden die Zwischenstücke jedoch zum Tragen von Schaufeln herangezogen, wie bei Schaufelfüßen mit unterer Verhakung am Fuß (s. Abb. 67), so ist die Verwendung von Stählen mit höheren Streckgrenzwerten zu empfehlen. Diesen Anforderungen entsprechen weichgeglühte Kohlenstoffstähle von 0,3—0,4 % C mit 50 bis 60 kg/mm² bzw. 0,4—0,5 % C mit 60—70 kg/mm² Festigkeit. Die übrigen Festigkeitswerte sind aus Zahlentafel 2 (S. 41) ersichtlich.

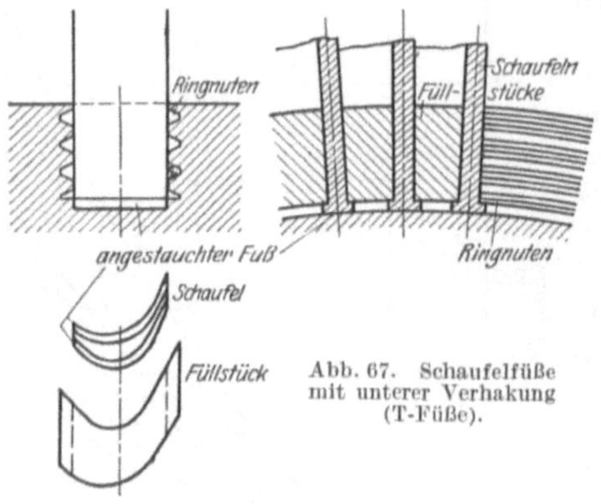

Abb. 67.   Schaufelfüße mit unterer Verhakung (T-Füße).

Korrosionsvermeidung. Das Verlangen nach möglichst nichtrostenden Werkstoffen für Zwischenstücke ist naheliegend. Starke Rostansätze vermehren die Dampfreibung und begünstigen die Verschmutzung der Beschauflung, abgesehen von der Möglichkeit der Beeinträchtigung der Schaufeln durch Rostbildung an den Berührungsstellen mit den Zwischenstücken. Für weichste Qualität kämen sehr reine Eisensorten, wie Armco-Eisen, mit mindestens 99,7 % Fe in Frage. Diese sind weniger zum Rosten neigend, aber verhältnismäßig teuer.

Für normale Ansprüche erscheint die Anwendung sog. witterungsbeständiger Stähle empfehlenswert. Die Herstellung solcher Stähle ist erst in neuerer Zeit gelungen durch Zusätze von Kupfer, Chrom u. dgl. in so geringer Menge, daß kein besonderes Herstellungsverfahren erforderlich ist, weil der Zusatz einfach beim Schmelzen erfolgt. Der Preis dieser Stähle liegt daher nur unwesentlich höher als der von gewöhnlichem Eisen und Stahl. Bei Chromkupferstählen mit 0,5—0,8 % Kupfer und 0,4 % Chrom sind die Gewichtsverluste durch Korrosion fünf- bis zehnmal so klein wie bei einfachen C-Stählen bzw. Eisen. Allerdings besteht diese wesentliche Überlegenheit des witterungsbeständigen Stahls vor allem bei angesäuertem Wasser; bei Verwendung von reinem Wasser oder Dampf ist sie nur noch halb so groß. Es ist aber zu erwarten, daß die auf diesem Gebiete und in allen Ländern zur Zeit bestehenden Bestrebungen bald dazu führen werden, Weicheisen und Weichstähle herzustellen, die als Zwischenstücke auch bei reinem Dampf annähernd nichtrostende Eigenschaften haben und sich dabei nicht viel teurer stellen als die bisher üblichen unlegierten Stahlqualitäten.

Verhalten bei Erwärmung. Sowohl bei Weicheisen als auch bei Stahl nimmt bei steigender Temperatur bis zu einem gewissen Punkt

die Festigkeit zu, während die Dehnung abnimmt. Einen Höchstwert
an Festigkeit erreicht Weicheisen bei etwa 230° C. Die entsprechende
Temperatur für Stahl ist etwa 270° C. Bei weiterer Temperatur-
steigerung nimmt die Festigkeit schnell ab. Die Elastizität von Stahl
ist bei etwa 530° gleich Null.

Physikalische Eigenschaften. Spez. Gewicht 7,8.

Ausdehnungskoeffizienten bei Temperaturen
bis 500°:

Temperatur-gebiet °C	Mittlerer Ausdehnungskoeffizient	
	Weicheisen	Weichstahl 0,4 C
20—200	$12,6 \times 10^{-6}$	$11,99 \times 10^{-6}$
20—300	$13,0 \times 10^{-6}$	$12,47 \times 10^{-6}$
20—400	$13,6 \times 10^{-6}$	$13,26 \times 10^{-6}$
20—500	$14,2 \times 10^{-6}$	$13,9 \times 10^{-6}$

7. Verschiedene Stahllegierungen für Schaufeln.

Aus der großen Reihe der Stahllegierungen könnte außer den vorstehend aufgeführten noch eine Reihe weiterer, sehr geeigneter genannt
werden, die teils probeweise im Inlande Anwendung gefunden haben,
teils nur im ausländischen Turbinenbau gebräuchlich geworden sind.

Nachdem im Inlande rostfreie Stahllegierungen einmal eingeführt
sind und sich gut bewähren, liegt kein Grund vor, von ihnen abzugehen.
Infolgedessen erübrigt es sich, weitere Stähle, die nicht rostfrei sind,
ausführlich zu behandeln.

Vom Auslande, besonders von Amerika, wird öfters über Schaufelmaterial berichtet, das aus Vanadinstahl oder Chromvanadinstahl
hergestellt ist. Dieser Stahl findet aber bei uns für Schaufeln keine
Verwendung. Durch Vanadin werden ähnlich wie durch Nickel und
Chrom die Festigkeitswerte gesteigert. Ein weiterer Vorteil, der die
Schmelze reinigende Einfluß, tritt nur bei Herstellung des Stahls im
Siemens-Martin-Ofen in Erscheinung, wo eine völlige Desoxydation
nicht immer leicht erreicht wird. Bei Herstellung im Tiegel und Elektroofen, wie sie für die Schaufelstähle im Inlande gebräuchlicher ist, ist
diese Einwirkung ganz unwesentlich.

Die Legierung eines für Schaufeln in Betracht kommenden Vanadin-
stahls ist in Prozent wie folgt:

Fe = etwa 98	Si = max. 0,4
C = 0,25—0,4	Mn = 0,4—0,7
V = 0,3—0,5	P u. S = max. 0,06
Cr = 0,9—1,2	

Vanadinzusatz verursacht eine Steigerung der Elastizitätsgrenze,
Streckgrenze und Zugfestigkeit, ohne die Dehnung und die Einschnürung
herabzumindern. Als besondere Eigenschaft der Vanadinstähle ist zu

erwähnen ihre Widerstandsfähigkeit gegen Schwingungen, Wechsel-
beanspruchung und Verschleiß. Ferner ist von Bedeutung das günstige
Verhalten von Vanadinstahl bei höheren Temperaturen (bis 500⁰ fällt
die Streckgrenze verhältnismäßig wenig ab). Im übrigen sind die
mechanischen Eigenschaften gleich denjenigen von 5 proz. Nickelstahl
oder niedriglegiertem Chromnickelstahl.

C. Sonderlegierungen.

1. Monelmetall.

Allgemeines. Monelmetall ist eine Naturlegierung mit ungefähr
67 % Nickel, 28 % Kupfer und 5 % anderen Metallen (Mangan, Kohlenstoff, Silizium, Eisen). Es enthält kein Zinn, Zink oder Antimon. Die
aus der Erde gewonnenen Erze besitzen bereits die Legierungsbestandteile, wenn auch in wesentlich geringerer Höhe; sie erhalten bei der
Raffination die angegebene Zusammensetzung durch Ausschmelzen der
in den Erzen enthaltenen anderen Bestandteile. Die Raffinations-
anlagen der Internationalen Nickel-Company in Huntington, USA.,
sind mit einem für inländische Begriffe ungeheueren Aufwand von
Kapital erstellt und auf das modernste eingerichtet. Die Anlagen arbeiten in ganz großem Stile und gewährleisten infolgedessen und durch
die peinlichste Überwachung des Arbeitsprozesses eine kaum zu über-
treffende Gleichmäßigkeit der Legierung. Besonders wird das Augenmerk bei der Verarbeitung auf die Kontrolle des Kohlenstoff-, Schwefel-
und Siliziumgehalts gerichtet, wodurch eine einwandfreie Verarbeitung
durch Warmwalzen und Schmieden gewährleistet ist. Durch seine Zusammensetzung ist das Monelmetall absolut nichtkorrodierend und
ergibt infolgedessen eine mehrfache Lebensdauer gegenüber Nickelstahl.
Das Feingefüge des Monels ist das gleiche wie das des Nickels, bestehend
aus einer Körnung der festen Lösung, in welcher kleine Teile, wahrscheinlich aus Magnesiumsulfid, eingebettet sind.

Mechanische Eigenschaften. Man kann sagen, daß Monel zu
Schaufelform gezogen und angelassen die gleichen Festigkeitseigenschaften wie 5 proz. Nickelstahl und nichtrostender Weichstahl besitzt. In nachstehender Zahlentafel 8 sind einige normale Werte
für die Streckgrenze, Zugfestigkeit und Dehnung an fertigem Schaufelmaterial für Schiffsturbinen aufgeführt.

Monelmetall ist sehr plastisch und läßt sich durch Walzen und
Ziehen in jede beliebige Schaufelform verarbeiten. Durch eine der
letzten Ziehoperation folgende thermische Behandlung werden bei
Schaufelmaterial Streckgrenze und Dehnung auf gewünschte Höhe
und Gleichmäßigkeit gebracht und etwaige von der Kaltbearbeitung

Zahlentafel 8. Normale Festigkeitswerte von gezogenem
Turbinenschaufelmaterial.

Profilart	Streck-grenze kg/mm²	Festigkeit kg/mm²	Dehnung $(l = 11,3 \sqrt{Q})$ %	Hin- und Herbiegungen (90° und zurück = 1)	
				Anriß	Bruch
Überdruck-schaufel	52,2	65,7	20,0	$7^1/_2$	8
,,	49,6	64,4	20,3	9	10
,,	47,5	59,9	25,6	10	11
,,	53,9	65,5	18,7	nicht geprüft	nicht geprüft
,,	57,1	73,5	17,6	9	10
,,	53,4	68,6	19,6	nicht geprüft	nicht geprüft
,,	44,5	58,9	20,7	7	$7^1/_2$
,,	47,6	60,0	21,2	8	9

herrührende Eigenspannungen restlos beseitigt. Im Gegensatz dazu
werden Gegenstände, die hart verwendet werden, wie Stopfbüchsen-
federn, ohne nachfolgende thermische Behandlung hart gezogen, da bei
ihnen Federhärte ohne Rücksicht auf die Dehnung erforderlich ist.
Die hohe Plastizität ermöglicht starkes Kaltbearbeiten durch Stemmen
oder Vernieten der Köpfe, ohne daß man hohe Eigenspannungen befürchten müßte. Auch das Kaltbiegen von Monelstreifen zu dachziegelförmigen Schaufeln ist ohne weiteres zulässig. Es empfiehlt sich,
die Streckgrenze für die Streifen 3—4 kg/mm² niedriger zu wählen,
als die fertigen Schaufeln haben sollen, da durch
das Umbiegen die Streckgrenze etwas erhöht
wird. Wird das Biegen mit Streifen vorgenommen, deren Streckgrenze auf Kosten der Dehnung möglichst hoch getrieben war, so kann
die beim Biegen hinzutretende Härtesteigerung
Einreißen an den Ecken zur Folge haben.

Eigenschaften bei Erwärmung. Abb. 68
stellt die Veränderung aller Festigkeitswerte
von Monelschaufelmaterial bei Erwärmung dar.
Die Zerreißdauer war etwa 1—2 Stunden bei
jeder Probe. Wie ersichtlich, beginnt bei 375°
ein Nachlassen der in kaltem Zustande über
40 kg/mm² betragenden Streckgrenze. Die Er-

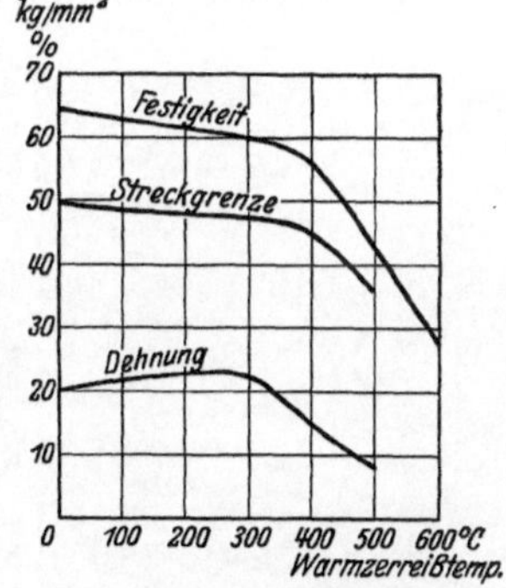

Abb. 68. Warmzerreiß-
werte von Monel.

fahrungen haben gezeigt, daß gegen eine Verwendung des Monelmetalls
bei Dampftemperaturen bis 375° C keine Bedenken bestehen.

Die Kerbzähigkeit des Monelmetalls ist hoch, sie beträgt bei Monel
von 50 kg/mm² Streckgrenze etwa 10—12 mkg/cm², bei solchem von
40 kg/mm² Streckgrenze 14—18 mkg/cm².

Monelmetall kann nicht durch irgendwelche Wärmebehandlung und
nachfolgende Abkühlung gehärtet, wohl aber durch Anwärmen und
Abkühlen weicher gemacht werden.

Eigenschaften nach dem Glühen. Aus der Glühkurve (Abb. 69) von kalt verformtem Monelmetall mit 48 kg/mm² Streckgrenze ist ersichtlich, daß der Umwandlungspunkt A C 1, bei welchem Rekristallisation eingesetzt hat, bei etwa 600⁰ liegt. Von diesem Punkte fällt aber

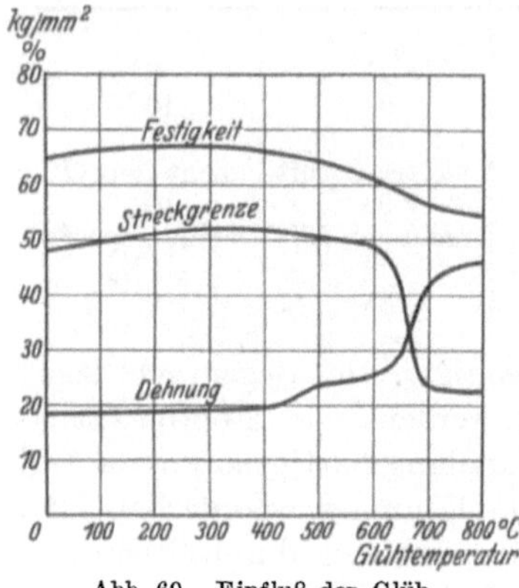

Abb. 69. Einfluß der Glüh-temperatur auf Monel.

die Kurve mit zunehmender Glühtemperatur nicht so steil wie bei rostfreiem Stahl, was größere Gleichmäßigkeit der Fertigwerte von Monel gewährleistet. Die Rekristallisationstemperatur hängt auch von dem Grade der Kaltbearbeitung nicht in solchem Maße ab wie bei rostfreiem Stahl. Das Glühen soll stets unter Luftabschluß vorgenommen werden, da Monel in rotwarmem Zustande an der Oberfläche Oxyde aufnimmt, was die Dehnbarkeit ungünstig beeinflußt.

Die beste Weichglühtemperatur ist um 760⁰. Bei niedrigeren Temperaturen erreicht man zwar gleiche Resultate, müßte aber sehr lange — 12 bis 14 Stunden — glühen. Höhere Glühtemperaturen als 760⁰ erweichen zwar stärker, erzeugen aber starkes Kornwachstum (Abb. 70) und verringern die Kaltbearbeitbarkeit.

Abb. 70. Monelmetall.

Spanabhebende und andere Bearbeitung[1]. Monelmetall läßt sich wie Weichstahl drehen, fräsen, bohren, lochen, weich und hart löten, autogen und elektrisch schweißen, schleifen und polieren. Die hohe Bildsamkeit und Zähigkeit erfordern geeignete Formen der Bear-

---

[1] H. Krüger: Maschinenbau, 1923/24, Heft 28, S. 1085.

beitungswerkzeuge und beim Drehen, Fräsen, Bohren etwas lang-
sameren Vorschub als bei. Nickelstahl.

Physikalische Eigenschaften. Unterhalb des magnetischen
Umwandlungspunktes, der bei etwa 90^0 C liegt, ist Monelmetall im
umgekehrten Verhältnis zur Temperatur etwas magnetisch. Über dieser
Temperatur ist eine Magnetisierbarkeit kaum noch feststellbar. Spez.
Gewicht 8,8.

$$
\begin{aligned}
\text{Ausdehnungskoeffizient:} \quad 25\text{—}100^0\,\text{C} &= 14 \times 10^{-6} \\
25\text{—}300^0\,\text{C} &= 15 \times 10^{-6} \\
25\text{—}400^0\,\text{C} &= 15,3 \times 10^{-6} \\
25\text{—}500^0\,\text{C} &= 15,7 \times 10^{-6} \\
25\text{—}600^0\,\text{C} &= 16 \times 10^{-6}
\end{aligned}
$$

Synthetische Herstellung. Nickel und Kupfer lassen sich bekanntlich in allen Verhältnissen mischen. Folglich ist es möglich, die
Legierung von Monelmetall, dessen Name für die Naturlegierung
übrigens geschützt ist, synthetisch herzustellen. Den Erfahrungen
nach sind die Festigkeiten und Dehnungen nicht ganz so hoch wie
bei Monel, zumal in der handelsüblichen synthetischen Legierung
gewisse Beimischungen, welche die Festigkeitswerte erhöhen, nicht
enthalten sind, s. S. 52. Die größere chemische Widerstandsfähigkeit des
natürlichen Monels gegenüber dem künstlichen ist bei Schaufeln, deren
Dampf nie so wesentlich verunreinigt ist, ohne Belang.

2. ATV.

Allgemeines. ATV ist eine hochwertige Nickelchromlegierung,
die in Frankreich und Italien sehr geschätzt und besonders für Schiffsturbinen in großen Mengen verwendet wird. Die Buchstaben ATV
sind keine Abkürzungen für irgendwelche Legierungsbestandteile,
sondern willkürlich gewählt. Die Legierung ist einem französischen
Stahlwerke geschützt. Die Vorzüge von ATV sind: kleiner Ausdehnungskoeffizient und gute Widerstandsfähigkeit gegen höhere Dampftemperaturen.

Die **Zusammensetzung** ist: Nickel 36 %, Chrom 12 %, Eisen Rest.

Der Werkstoff läßt sich warm und kalt verarbeiten, ist gut bildsam,
spanabhebende Bearbeitung macht keine Schwierigkeiten. Er oxydiert
nicht bis 600^0 C.

Mechanische Eigenschaften. Als Normalwerte gelten für
Schaufeln: Streckgrenze 45 kg/mm², Festigkeit 65 kg/mm², Dehnung
mindestens 16 %.

Eigenschaften bei Erwärmung. Warmzerreißwerte von Rundproben: Streckgeschwindigkeit 20 mm/min, s. umstehend.

Das Kennzeichnende der Werte gegenüber Nichteisenmetallen ist,
daß bei höheren Temperaturen bis 650^0 die Dehnung nicht wie bei

diesen abfällt, sondern eher zunimmt. Es ähnelt in dieser Beziehung mehr den Eisenlegierungen.

	Streckgrenze kg/mm²	Festigkeit kg/mm²	Dehnung %	Einschnürung %
Verfestigte Probe:				
Zimmertemperatur . . .	66	82	20	35
Zerrissen bei 450⁰ . . .	50	64	18	33
500⁰ . . .	47	60	16	28
600⁰ . . .	38	50	16	30
650⁰ . . .	35	44	17	37
Weichgeglühte Probe:				
Zimmertemperatur . . .	45	72	25	50
Zerrissen bei 450⁰ . . .	36	56	21	39
500⁰ . . .	32	52	20	38
600⁰ . . .	24	38	24	44
650⁰ . . .	22	33	27	51

Verhalten im Dampf. Abb. 71 zeigt das Verhalten unter Einwirkung von Dampf im Vergleich mit 36proz. Nickelstahl. Während letzterer in gesättigtem Dampf schon nach einigen Tagen rissig wurde, blieb ATV, mehrere Jahre sogar überhitztem Dampf ausgesetzt, unverändert. Gegenüber diesen Ergebnissen geben die Resultate neuerer Versuche, die bei unter Spannung befindlichen Proben in schwach salzhaltigem Wasser ein Rissigwerden der Legierung ATV feststellten, zu weiteren Prüfungen Anlaß.

Eigenschaften nach Glühen. Die Erweichungstemperatur von ATV liegt wesentlich höher als bei Stählen und Monelmetall, wie nachfolgende Ziffern zeigen:

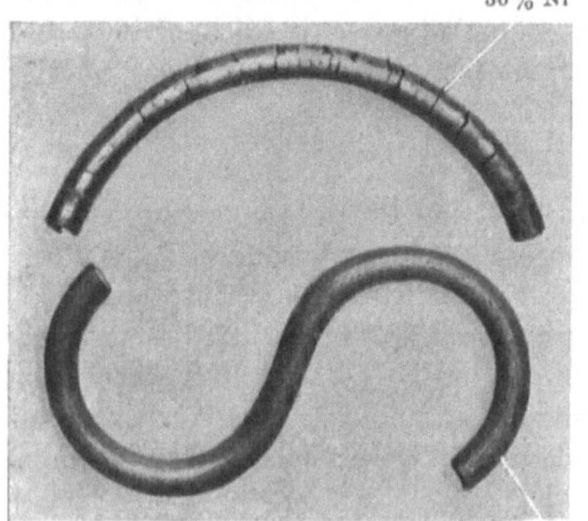

Abb. 71. Verhalten von 36% Ni-Stahl und ATV in Dampf.

Profil	Zustand	Streckgrenze kg/mm²	Festigkeit kg/mm²	Dehnung %
Parsons	hart gezogen	84	88	11
,,	bei 600⁰ C geglüht	76	89	17
,,	bei 700⁰ C ,, ...	77	100	8
,,	bei 800⁰ C ,, ...	68	91	17
,,	bei 900⁰ C ,, ...	59	84	16
,,	bei 975⁰ C ,, und in Wasser abgekühlt	27	67	24

Wie der letzte Wert zeigt, tritt vollständiges Erweichen ein, wenn ATV bei hoher Temperatur in Wasser abgeschreckt wird, ähnlich wie bei V 2 A. ATV eignet sich zum Eingießen von Schaufeln, da es an der Eingießstelle weder härtet noch rissig wird.

Physikalische Eigenschaften. Spez. Gewicht 8,05. Ausdehnungskoeffizient bei 15^0: 8×10^{-6}. Mittelwert $0—500^0$: 13×10^{-6}.

3. Nickelchrommolybdänstahl.

Eine der Forderungen in der Entwicklung hochwertiger Legierungen für Schaufeln geht dahin, daß die Werkstoffe bei noch höheren Überhitzungstemperaturen, als sie jetzt üblich sind, also etwa bei 400 oder gar 500^0 C, noch möglichst voll elastisch sind. Die Streckgrenzekurve müßte dann ohne Beeinträchtigung der Dehnung etwa den in nachstehendem Kurvenbild (Abb. 72) durch dicken Strich hervorgehobenen Verlauf nehmen. Eine diesem Ideal nahekommende Legierung ist der Nickelchrommolybdänstahl mit 61% Nickel, 15% Chrom, 15% Eisen, 7% Molybdän. Dieser Stahl hat außer der Eigenschaft, rostfrei zu sein und hohe Kriechgrenze zu haben, noch den weiteren Vorteil, gegen Säuren sehr widerstandsfähig zu sein, so daß

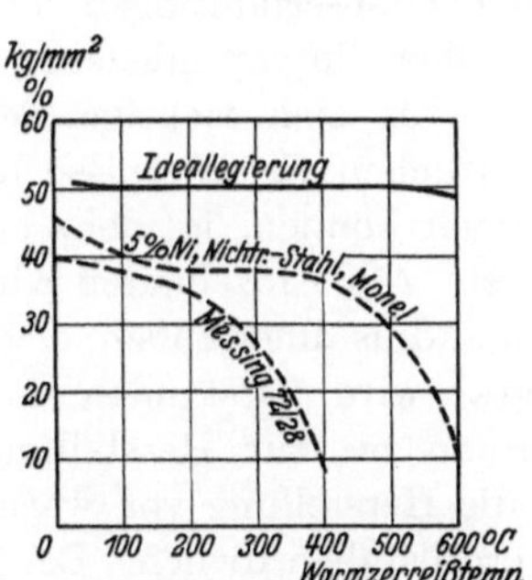

Abb. 72. Streckgrenzwerte der gebräuchlichen Schaufelwerkstoffe und einer Ideallegierung im Warmzerreißversuch.

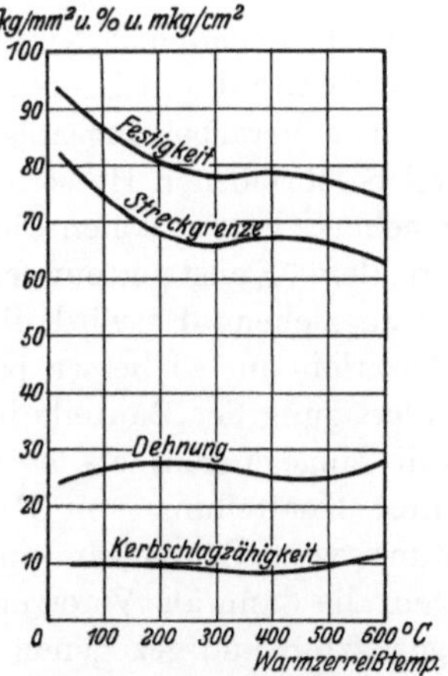

Abb. 73. Warmzerreißwerte von Ni-Cr-Mo-Stahl B 7 M (runde Probestäbe, vor Versuch bei 850—900° C geglüht).

er für säurehaltige Dämpfe in chemischen Fabriken und Zuckerfabriken besonders geeignet erscheint.

Die mechanischen Eigenschaften der Legierung bei verschiedenen Temperaturen, jedoch nicht in Form von Turbinenschaufeln, sondern Rundquerschnitt zeigt Abb. 73[1].

---

[1] W. Rohn: Z. f. M. 1926, S. 387.

Im Vergleich mit den gebräuchlichen Werkstoffen ist erkennbar, daß das Nachlassen der Streckgrenze bei höheren Temperaturen später einsetzt. Die Verwendung des Werkstoffs in Form von Turbinenschaufeln erfolgte bisher nur probeweise. Die Werte von gezogenem und angelassenem Schaufelmaterial liegen niedriger als diejenigen der Abb. 73. Diese letzteren lassen aber darauf schließen, daß eine weitere Steigerung der Qualitätswerte auch in Form von Turbinenschaufelmaterial möglich ist, zumal in der Regel erst bei Geläufigkeit der Herstellung die höchsten Qualitätseigenschaften herauszuholen sind.

Physikalische Eigenschaften. Spez. Gewicht 8,75. Lineare Ausdehnung 0,0143 mm für 1^0 C.

VI. Herstellung und Verarbeitung des Schaufelmaterials.

1. Herstellung des Rohmaterials.

Die nachstehenden Abschnitte enthalten eine kurze Übersicht über die Anfertigung des Schaufelmaterials. Dieselbe hat nicht die Eigenschaft einer Verarbeitungsanleitung, sondern soll nur die im nächsten Kapitel beschriebenen Herstellungs- und Betriebserfahrungen verständlich machen. Ferner sollen die Angaben über die verschiedenen Fertigungen dem Konstrukteur ermöglichen, für sich richtige Schlüsse daraus zu ziehen. Er wird die wirtschaftlichen Erfordernisse bei der Konstruktion um so besser berücksichtigen können, je mehr er über die Anfertigung der Bauteile im klaren ist. Auf Einzelheiten wird nur insoweit eingegangen, als es zum Verständnis unerläßlich erscheint.

Unter Herstellung von Rohmaterial wird verstanden die Verarbeitung vom Schmelzen und Gießen an bis zur Herstellung von Stangen, die dann als Vorerzeugnis für die Herstellung von warm oder kalt gewalzten und gezogenen Schaufelprofilstäben dienen. Bei Nichteisenmetallen sind dies Flach-, Rund- oder Vierkantstangen und bei kleineren Fertigprofilabmessungen als 1,5 cm² entsprechende Drähte. Bei Stählen sind die Vorprodukte für das Warmauswalzen der Profilstäbe meist Knüppel mit 30—50 mm Vierkant mit stark abgerundeten Ecken. Sowohl bei Nichteisenmetallen als auch bei Stählen erfolgt nach dem Erschmelzen der Legierung, bei Monel nach dem Raffinieren der Naturlegierung, das Eingießen in die Kokillen. Die gegossenen Blöcke werden nach dem Erkalten von etwaigen Gießfalten und sonstigen Vertiefungen der Oberfläche sowie der Eingußstelle, dem verlorenen Kopf, befreit, hiernach zu den vorgenannten Flach-, Rund- oder Vierkantquerschnitten bzw. Knüppeln entweder warm in einer oder zwei Anwärmungen oder kalt mit mehreren Zwischenglühungen ausgewalzt. Messinglegierungen und Kupfer können auch an Stelle des Auswalzens mit Strangpresse aus dem erhitzten Block in den Vorquerschnitt gepreßt werden.

Werden Stahlschaufeln nicht von den fertig in Profil gewalzten und gezogenen Stangen abgeschnitten, sondern „aus dem Vollen", entsprechend größeren, meist rechteckigen Vorformen ausgefräst, so werden die Stangen nicht in Form von Knüppeln, sondern gleich in derselben Hitze durch ein paar weitere Kaliberstiche auf das Vorformmaß ausgewalzt. Nach Abschneiden der Stangenlängen werden sie auf Härtetemperatur erhitzt, in Öl gehärtet, wieder auf vorgeschriebene Anlaßtemperatur erwärmt und erforderlichenfalls nach dem Erkalten gerichtet, worauf das Abschneiden auf Schaufellänge und Ausfräsen erfolgen kann.

2. Herstellung der Profilstäbe.

Durch mehrere Kaltwalzungen oder Züge mit Zwischenglühungen wird die Vorform der Fertigform genähert. Die prozentuale Abnahme beträgt bei weichen Werkstoffen etwa 20% für einmaligen Durchgang durch die Walze oder Ziehbank und verkleinert bzw. vergrößert sich je nach der Härte des Werkstoffs. Zu starker Druck ist zu vermeiden, da sonst Einrisse an den Kanten entstehen könnten. Durch mehrfaches Walzen und Ziehen wird die Qualität des Werkstoffs, besonders bei Stahl, erheblich verbessert. Dehnung und Zähigkeit nehmen infolge der mehrfachen Durchknetungen zu. Hierfür sind folgende Ziffern der Qualitätswerte von Stahldraht charakteristisch:

Zustand des Stahldrahtes	Festigkeit kg/mm²	Dehnung %
Warm auf 8 mm vorgewalzt . .	100	8
Nach dem 1. Zug und Glühung	80	13
„ „ 2. „ „ „	71	17
„ „ 3. „ „ „	63	23
„ „ 4. „ „ „	58	30

Durch die einfache Walz- und Ziehoperation wird zunächst die Härte gesteigert, durch Zwischenglühung der Werkstoff wieder erweicht. Außerdem glättet das Ziehen die Oberfläche, so daß eine sauber gezogene und thermisch behandelte Schaufel aus rostsicherem Stahl einer polierten an Rostsicherheit der Oberfläche nicht nachsteht. Allerdings ist bei der Vorbearbeitung darauf zu achten, daß etwa auftretende Schäden rechtzeitig entfernt werden, und zu diesem Zwecke ist die Oberfläche der Stangen während der einzelnen Operationen ständig zu überwachen.

Die Herstellung der Profilwalzen oder Matrizen (Abb. 74) erfordert große Genauigkeit. Wenn die Walzen nach dem Härten auf der Rund-

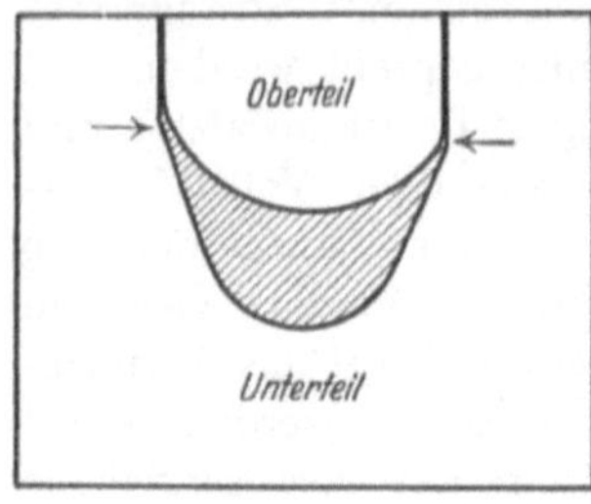

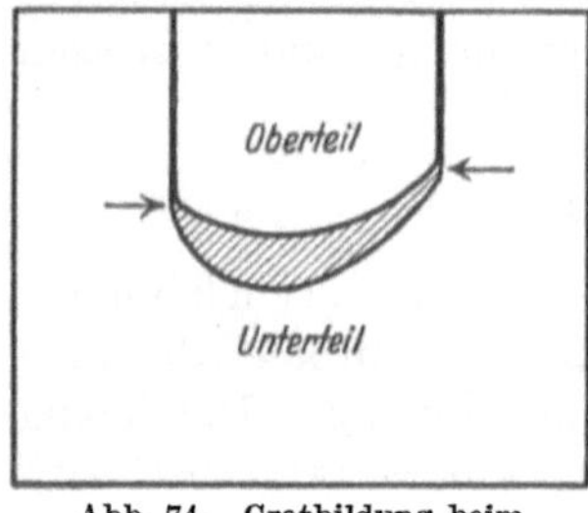

Abb. 74. Gratbildung beim Walzen und Ziehen.

schleifmaschine eingeschliffen und zusammengepaßt sind, soll möglichst wenig seitlicher Spielraum vorhanden sein. Je genauer die Walzen ineinandergreifen, um so kleiner ist der sich an der Teilfuge bildende Grat. Dieser Grat muß vor der nächsten Bearbeitung sorgfältig entfernt werden, da er sich beim Ziehen an das Ziehwerkzeug ansetzt und das Profil unbrauchbar macht.

Messingschaufeln erhalten am Schlusse der Bearbeitung einen gelinden Fertigzug, durch welchen die Streckgrenze auf Bestwerte gebracht wird, ohne daß die Dehnung unter ein Mindestmaß von etwa 16—18% sinkt. Solche Schaufelstangen besitzen dann keine bedenklichen Reckspannungen und sind direkt verwendungsfähig. Die härteren Werkstoffe, wie Nickelmessing, Monel und sämtliche Stähle, erhalten nach dem letzten Zuge eine Nachglühung zur Entfernung der Eigenspannungen, zur Regulierung der Qualitätswerte auf bestimmte Werte und Gefügeveränderung.

3. Verarbeitung der Profilstäbe zu Schaufeln und Beschauflungen.

Die Herstellung der Schaufeln aus Stangen kann erfolgen:

a) durch Einfräsen und Absägen von der in Fertigprofil oder verstärktem Profil kalt gewalzten oder gezogenen Stange,

b) durch Absägen der Stücke von einer Stange aus rechteckigem Vorprofil und Ausfräsen der Schaufeln mit verdicktem Fuß, Schleifen und Polieren,

c) durch Ausschmieden rechteckiger Stücke zu Schaufeln mit Fuß und Einpressen in Fertigformgesenke, nachträgliches Fräsen, Schleifen und Polieren.

Das Verfahren a) der Herstellung der Schaufeln aus kalt gewalzten oder gezogenen Stangen war ursprünglich allgemein üblich und wird noch heute für alle Messingschaufeln und einen großen Teil aller Stahl- und Monelschaufeln angewendet, da es den großen Vorzug hat, das billigste zu sein.

Messing- und Monel-Parsons-Schaufeln kleiner und mittlerer Profile können durch Stanzen von den Stangen abgeschnitten werden, Stahl wird gefräst. Bei allen Aktionsschaufeln erfolgt das Abtrennen von der Stange durch Fräsen. Bei Schaufeln, die zur Verminderung ihres

Gewichts nach außen hin verjüngt werden, genügt es, die Rückenseite entsprechend „konisch" zu fräsen.

Manchmal lassen es die Beanspruchungen der Schaufeln gleichgültig erscheinen, ob man der „aus dem Vollen gefrästen" oder der „in Profil gezogenen" den Vorzug geben will. Da dann in solchen Fällen neben den Preisen die allgemeinen Vorteile und Nachteile der beiden an sich gleichwertigen Anfertigungsarten miteinander abzuwägen sind, sollen dieselben im nachstehenden näher erörtert werden.

Oberfläche. Kalt gewalzte und gezogene Schaufeln besitzen gegenüber den gefrästen den Vorteil, daß durch Walzen und Ziehen ihre Oberfläche geglättet und verdichtet wird; die Bearbeitungslinien liegen in der Längsrichtung, was für die Beanspruchung durch Zug, Biegen und Schwingung außerordentlich günstig ist.

Der Kaltbearbeitungsprozeß bildet zugleich eine einfache, aber sichere Prüfung der Qualität, da zweifelhafte Stäbe an nicht einwandfreien Stellen beim Ziehen abreißen. Wenn ein Werkstoff in allen Teilen den Ziehprozeß durchgemacht hat, ohne daß sich irgendwelche Anstände gezeigt haben, so kommt dies einer bestandenen Werkstoffprüfung gleich.

Alterungsneigung. Die früher dem gewalzten und gezogenen Profil nachgesagte Eigenschaft des „Heruntergequetschtseins", was Sprödigkeit und Neigung zum Altern zur Folge haben könnte, ist als Vorwurf im allgemeinen Sinne weit übertrieben und ungerechtfertigt.

Seit den ersten Jahren des Turbinenbaues, in denen die Ziehereien noch nicht mittels Zerreißmaschine die Festigkeitsvorgänge überwachten und die Fertigprofile auf Festigkeitswerte genau prüften, ferner bei den Turbinenfabriken selbst keine Kontrollstelle für Festigkeitswerte bestand, so daß es vorkommen konnte, daß hartgezogenes Material fast ohne Dehnung zur Verwendung kam, sind über zwei Jahrzehnte vergangen. Heute ist die richtige Wärmebehandlung gezogener Schaufelstangen, die Nachprüfung der Fertigprofile, sowie auch vor allem des in Walz- und Ziehverarbeitung befindlichen Erzeugnisses auf Festigkeitswerte so sehr Gemeingut der Ziehereibetriebe geworden, daß die Bedenken gegen die durch Walzen und Ziehen hergestellten Profile unbesorgt ad acta gelegt werden können.

Festigkeitswerte. Das Verfahren b), das „Fräsen aus dem Vollen", muß angewendet werden bei größeren Schaufelabmessungen und sehr hohen Zugkräften, ferner auch dann, wenn bei den Überdruckschaufeln die seitliche Verhakung, die zwar für langsam laufende Schiffsturbinen genügt, für höhere Umdrehungszahlen und größere Schaufeln ohne Verstärkung am Fuß nicht sicher genug ist. Ferner besteht bei ausgefrästen Vollprofilen die Möglichkeit der Verwendung thermisch gehärteter und angelassener also vergüteter Profilstäbe mit höheren Werten an Streckgrenze bei genügender Dehnung als bei gezogenen Profilen.

Gefahr der Überhitzung. Die Vergütung hat jedoch die Gefahr ungleichmäßiger Wärmebehandlung. Das richtige Härten und Anlassen ist abhängig von peinlichster Aufmerksamkeit und glatter Aufeinanderfolge aller Operationen, die zum Teil bei 1000⁰ C und darüber auszuführen sind. Da hierbei mit Schwankungen gerechnet werden muß, ist das Vorkommen ungleicher Erwärmungen, von Überhitzungen und dergleichen möglich (s. Abb. 110 und 111, S. 97).

Bei Herstellung der Stangen im Walz- und Ziehverfahren ist Überhitzung nicht so zu befürchten, da die Glüh- und Anlaßtemperaturen um 600—750⁰ C liegen und moderne Glühöfen bei diesen Temperaturen mit ±10⁰ Gleichmäßigkeit arbeiten.

Härteunterschiede. Erfahrungsgemäß ist bei den vergüteten, vollen Rechteckquerschnitten der innere, der Kernteil, etwas weicher als der äußere. Dieser aber wird mit Rücksicht auf leichte Bearbeitungsmöglichkeit nicht sehr hart gewünscht. Durch Abfräsen des härteren Teils bleibt demnach von der Schaufel, von welcher die höchsten Qualitätseigenschaften erwartet werden, gerade der noch weichere Teil übrig. Man wird daher die Abmessungen der Schaufeln etwas stärker halten müssen, als sie einem Werkstoff mit durchweg der Festigkeit des äußeren Teils des Vorprofils entspräche.

Bei Verwendung von fertig auf Profil gewalzten oder gezogenen Stäben fällt dieser Unterschied fort, da bei ihnen die durch Zerreißprobe am gezogenen Profilquerschnitt ermittelten Festigkeitswerte die tatsächlichen der in der Turbine eingebauten Schaufeln sind.

Oberfläche. Bei der Anfertigung einer Schaufel durch Fräsen aus dem Vollen wird zunächst vom Fräser eine rauhe, rissige Oberfläche hinterlassen, wie sie Abb. 75 darstellt. Die Unebenheiten werden dann durch Abschleifen mit dem Schmirgelstein entfernt. Da aber die Schleifrisse und Kratzer, zumal wenn sie quer zur Längsachse der Schaufel verlaufen (s. Abb. 76), ebenso unerwünscht sind und — wie unter Abschnitt III, 4, Schwingungsfestigkeit, erwähnt — zu Ermüdungsbrüchen durch Kerbwirkung veranlassen können, müssen sie durch Polieren eingeebnet werden. Polieren kann als ein Schleifen mit feinsten Schleifmitteln bezeichnet werden, bei dem natürlich genau wie beim Schleifen eine Abnahme des Werkstoffes eintritt, mag sie auch noch so klein sein. Je feiner die Abnahme ist, um so ebener wird die Fläche und um so feiner die Politur. Eine so hergestellte, polierte Schaufel macht den Eindruck eines absolut einwandfreien Maschinenteils. Es darf aber nicht unbeachtet bleiben, daß Fräsen und Schleifen Kaltbearbeitungen sind, welche die Oberfläche der Arbeitsstücke bis zu einer gewissen Tiefe unter Spannungen versetzen. Abgesehen davon,

daß sogar neuerdings deren Größe und der Umfang ihres schädlichen
Einflusses durch genaue Prüfungen belegt ist (s. Abb. 32, S. 20), so
weiß doch schon jeder Schaufelfachmann, daß sich die Spannungen
z. B. nach dem Fräsen in ziemlich starkem Maße bemerkbar machen
durch Krummziehen des gefrästen Stückes bei dem Abspannen. Aus
diesem Grunde werden manchmal die Schaufeln nach dem Schleifen
und Richten nochmals einer Wärmebehandlung zur Beseitigung der
Spannungen unterzogen.

Ausführung der Kanten. Bekanntlich verlangt die Rücksicht
auf die Erzielung des besten Wirkungsgrades der Turbine, daß die

Abb. 75. Rauhe, querrillige
Oberfläche einer gefrästen Stahlschaufel.

Abb. 76. Querriefen einer geschliffenen
Stahlschaufel.

Ein- und Austrittskanten mit großer Sorgfalt und messerscharf hergestellt werden, damit genügend lange genaue Führungsstrecken vorhanden sind. Das Fräsen bietet die Möglichkeit, den Anforderungen
der Konstrukteure auf genaueste Ausführung der scharfen Kanten zu
entsprechen. Vom Gesichtspunkt des praktischen Betriebes aber ist zur
Vermeidung von Schaufelschäden, die im Dauerbetriebe durch Kerbwirkung schadhafter Spitzen entstehen können, davon abzuraten[1].

Es empfiehlt sich, unter Verzicht auf den durch messerscharfe Ausführung der Kanten rechnerisch möglichen Bruchteil an Dampfersparnis,
lieber abgerundete, polierte Spitzen zu wählen, als die Gefahr von Ermüdungsbrüchen durch Kanteneinrisse in Kauf zu nehmen, mögen diese
von der Anfertigung oder dem Einbau herrühren oder im Betriebe durch

---

[1] V. d. E.-W. Mitt. 1927, Sonderheft, Vortrag Ph. Reuter.

Erosion entstehen. Hierbei ist kein Unterschied zu machen zwischen Über-
druck- oder Gleichdruckschaufeln, gefräster oder gezogener Ausführung.

Abb. 77. Ausfräsen der Schaufeln aus Vierkantstahl
(ursprünglicher Querschnitt einpunktiert).

Die abgerundete Form der Spitzen ist übrigens an den ersten Über-
druckschaufelprofilformen von Parsons von allem Anfang an zur Anwendung gekommen. Im Gegensatz hier-
zu haben die in neuerer Zeit verwendeten
Parsonsprofilformen scharfe
Spitzen (vgl. Abb. 3, S. 4).

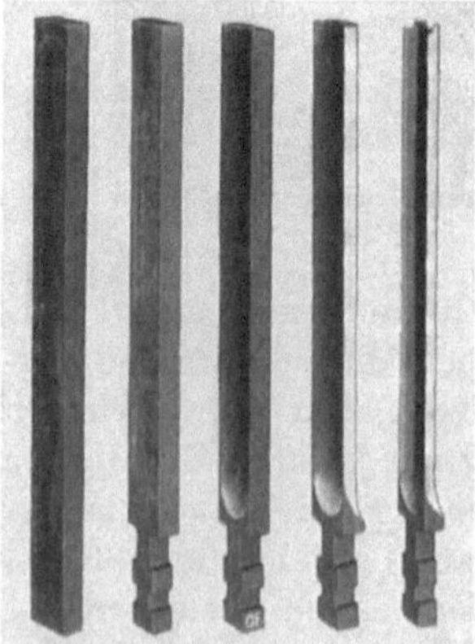

Das Ausfräsen der
Schaufeln „aus dem Vollen"
zeigt Abb. 77, die Formen,
die sie in den einzelnen Sta-
dien der Bearbeitung annehmen, Abb. 78[1].

Die Herstellung von
dachziegelförmigen
Schaufeln (Blechschaufeln),
Aktionsschaufeln gleichmäßiger Stärke nach Abb. 79,
geschieht teils durch Walzen
und Ziehen fertiger Profil-

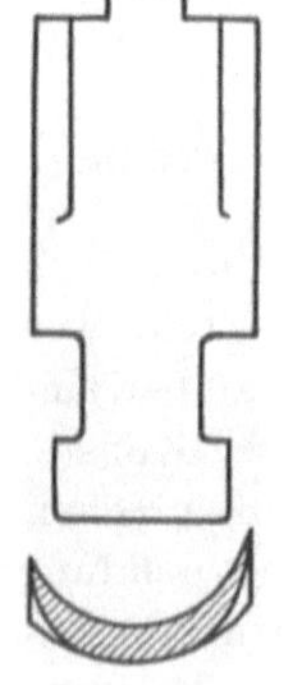

Abb. 78. Turbinenschaufel
aus Vierkantstahl hergestellt
(nach außen verjüngt).

Abb. 79. Dach-
ziegelförmige
Schaufel oder
Blechschaufel.

stangen mit beim Walzen zugeschärften Spitzen, teils durch Biegen von
Bandstreifen, die entweder von Blechtafeln abgeschnitten oder in abge-

[1] E. Müller: Bulletin Oerlikon, 1925, Nr. 46.

wickelter Schaufelbreite gewalzt werden. Letzteres ist weniger in Übung, weil es dann erforderlich ist, für jede Schaufelbreite und -stärke entsprechende Streifen auf Lager zu halten, während bei Blechtafeln zwei oder drei Blechstärken genügen, von denen beliebig breite Streifen abgetrennt werden können. Der zu den Blechschaufeln zu verarbeitende Werkstoff muß genügend bildsam und nicht zu hart sein. Eher sind die Werte der Streckgrenze um einige kg/mm^2 zu niedrig, dafür aber die Dehnung etwas höher zu wählen, als umgekehrt. Denn durch das Biegen steigt die Streckgrenze ein wenig, während die Dehnung etwas abnimmt.

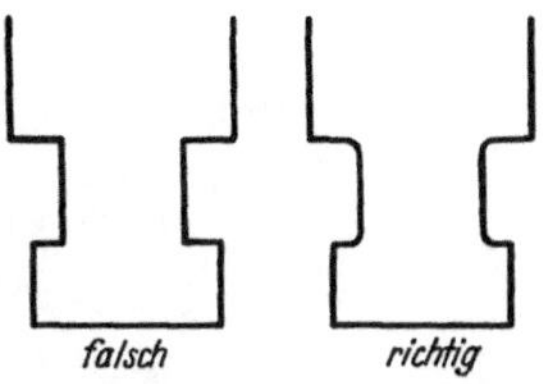

Abb. 80. Ausführung der Ecken an Blechschaufeln.

(Vgl. hierzu Abb. 98 im Abschnitt: Erfahrungen bei Herstellung von Schaufeln, S. 90.)

Beim Fräsen der Füße sind jegliche scharfe Ecken zu vermeiden, was zur Verhinderung von Kerbwirkung und Ermüdung durch Schwingung sehr wichtig ist (Abb. 80).

Das Ausschmieden von Schaufeln im Gesenk hat in den letzten Jahren im Inlande besonders für teure Werkstoffe, wie rostfreien Stahl, und lange Schaufeln Anwendung gefunden und sich bewährt.

In Amerika ist dieses Verfahren sogar für weniger hochwertige Werkstoffe, wie einfachen C-Stahl, üblich.

Die so angefertigten Schaufeln haben gegenüber den aus dem Vollen gefrästen den Vorteil, daß die Fasern in der Längsachsenrichtung bearbeitet werden (s. Abb. 101 b, S. 91). Sie widerstehen daher der Zentrifugal- und Biegungsbeanspruchung besser.

Die Herstellung geschieht in etwa folgender Weise: Von starken, gewalzten Flach- oder Vierkantstangen werden die entsprechenden Längen abgeschnitten, gebeizt und von etwa anhaftenden Schiefern, Nähten usw. gesäubert. Sodann werden die Stücke erwärmt und unter dem Anspitzhammer so gestreckt, daß der Fußteil in Form der vorgewalzten Stange stehenbleibt, während sich von diesem Fuß an der Schaft nach der Spitze der Schaufel zu verjüngt. Hiernach wird in einer profilierten Anspitzwalze der Schaft nochmals ausgestreckt, wobei er Profilform erhält. Bei kleineren Schaufeln und einfachen Formen erfolgen die genannten Arbeitsgänge in einer einzigen Hitze; größere Stücke erkalten zwischendurch mehrere Male, werden wieder geglüht, gesäubert und für den nächsten Arbeitsgang erwärmt. Die endgültige genaue Form erhält die Schaufel nach Erwärmung auf bestimmte Temperatur unter einer sehr schweren Spindelpresse oder einem Fallhammer durch Eindrücken in ein genau ausgearbeitetes Gesenk. Daran schließt sich eine thermische Behandlung durch Härten und

Anlassen zur Erzielung der vorgeschriebenen Mindestfestigkeitswerte an. An der so hergestellten Schaufel ist der verjüngte Schaft fast lehren-

Abb. 81.   Niederdruckläufer einer 50000 kW-Turbine mit gesenkgepreßten „konischen" Schaufeln (Integral-Schaufeln).

haltig, er bedarf nur eines Nachschleifens. Am Fußteil und an den Eintritts- und Austrittskanten findet eine stärkere Bearbeitung durch Fräsen und Schleifen statt.

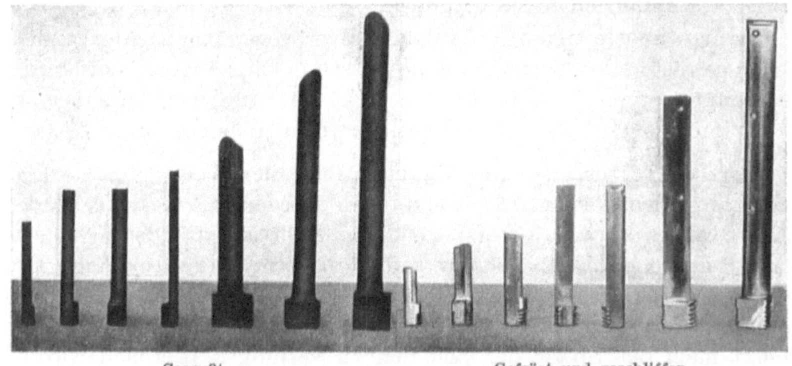

Abb. 82.   Schaufeln des 50000 kW-Niederdruckläufers.

Für die hier beschriebene Bearbeitung eignen sich alle in Wärme plastischen Werkstoffe, wie Mangankupfer, weiche C-Stähle, Nickelstähle, rostfreie Stähle, Monel.

Abb. 81 stellt den mit solchen Schaufeln versehenen Niederdruckläufer einer 50000 kW-Turbine dar, Abb. 82 zeigt die fertiggepreßten sowie die geschliffenen und am Fuße gefrästen Schaufeln, Abb. 83 das

Einlegen in die Nute. Diese Abbildung veranschaulicht, wie jede der „konischen" Schaufeln in die Nute eingesetzt und durch Drehung

Abb. 83. Einsetzen der Schaufeln in die Nuten.

Abb. 84. Maschinelles Einsetzen der Schaufeln ins Laufrad.

in die richtige Lage gebracht werden kann, bevor sie serienweise durch angelötete Bindedrähte versteift werden[1].

---

[1] Katalog der Parsons Co. Ltd.

6*

Eine andere Art der Befestigung von Schaufeln im Rotor zeigt Abb. 84[1]. Der Bau dieser Spezialmaschinen zum maschinellen Einsetzen der Schaufeln beruhte auf der Erwägung, daß jede Schaufel im Rad in der vorgeschriebenen Lage befestigt werden muß, damit sie nicht durch schiefe Stellung im Betriebe Biegungsbeanspruchungen erleidet. Durch das möglichst gleichmäßige mechanische Aneinanderpressen der Schaufeln wird ferner vermieden, daß sie beim Einsetzen in die Nute Formveränderungen durch unsachgemäße Schläge usw. erhalten.

Die Versteifung der Schaufelkränze erfolgt, wie oben erwähnt, bei kräftigen Schaufeln durch Aufnieten von Deckbändern, bei weniger dicken Querschnitten und fast durchweg bei Parsons-Schaufeln durch Einlöten von Bindedrähten. Als Bindedraht findet meist Bimetalldraht, ein Kupferdraht mit Stahlseele, Verwendung, seine Verlötung mit Messing, Monel- oder Nickelstahlschaufeln macht keine Schwierigkeiten. Bei rostfreiem Stahl ist darauf zu achten, daß die Anwärmtemperatur nicht die Grenze überschreitet, bei welcher die Umwandlung einsetzt, d. h. die Härtung eintritt und die Dehnung zurückgeht, was nach den S. 63 gemachten Ausführungen bei etwa 770° C erfolgt. Anderseits ist eine hohe Temperatur notwendig, um eine gute Bindung zu erzielen. Man wird von dem die Lötarbeit ausführenden Arbeiter eine gewisse Geschicklichkeit, Sorgfalt und hohes Verantwortlichkeitsgefühl voraussetzen müssen, auch muß die richtige Wahl des zum Löten bestimmten Silberlotes und der anderen Hilfsmittel das Gelingen ermöglichen.

Abb. 85. Bindedraht mit Silberlot in Schaufel aus nichtrostendem Stahl eingelötet.

Um das Löten nichtrostender Schaufeln zu erleichtern, ist bei einer großen Turbinenfabrik folgendes Verfahren eingeführt[2]: Der Löter hat während der Arbeit die Glühfarbe der zu verlötenden Schaufel von

---

[1] E. Müller: Oerlikon-Bulletin 1925, Nr. 46.
[2] E. A. Kraft: AEG.-Mitt. 1928, S. 23.

Zeit zu Zeit mit einer Schaufel des gleichen Baustoffs, die ständig auf richtiger Löttemperatur gehalten wird, zu vergleichen und so sein Auge zu üben. Um die Glühfarbe sicher feststellen zu können, muß die Lötarbeit in einem abgedunkelten Raum vorgenommen werden. Daß derartige Lötungen einwandfrei hergestellt werden können, ist aus Abb. 85 zu ersehen, die eine Schaufel aus rostfreiem Stahl mit eingelötetem Bindedraht in dreifacher Vergrößerung darstellt. Das Silberlot hat überall gut gebunden.

Aufgenietetes Deckband soll bei möglichst guter Steifigkeit noch gute Dehnung besitzen, um nicht beim Vernieten so hohe Spannungen zu erhalten, daß es an den fraglichen Stellen spröde wird und im Betriebe aufreißt. Die Ecken der Stempel für die Nietlöcher sollen gut abgerundet sein. Nachträgliches Verschweißen des Nietkopfes mit dem Deckband (nur bei Nickelstahl zulässig) hat sich nicht allgemein eingeführt. Es hätte unter anderem den Vorteil, daß beim nachträglichen Schweißen der Nietkopf etwas nachgeglüht wird, wodurch verhütet wird, daß zu hartgeschlagene Nietköpfe (Streckgrenze 80 kg/mm^2 und mehr) wegen zu hoher Eigenspannungen im Betriebe abspringen. Auch seitliches Punktanschweißen des Deckbandes an der Schaufelkante, was an sich eine vorzügliche Versteifung bedeutet, wird nur in besonderen Fällen vorgenommen. Bei nichtrostendem Stahl verursachen Schweißungen ein Hartwerden der Schweißstelle, s. Abb. 63, S. 64.

VII. Erfahrungen und Schäden an Beschauflungen bei der Herstellung und im Dampfbetriebe.

Die in allen Phasen der Anfertigung von Schaufeln und Beschauflungen drohenden Gefahren sind sehr mannigfaltig. Im Rohmaterial können sich Lunker und Seigerungen befinden, die bei der Verarbeitung nicht sogleich erkannt werden. Bei der Weiterverarbeitung zu Profilstäben können die Schwierigkeiten darin bestehen, daß die Formgebung trotz eingehender gedanklicher Vorbereitung einen unerwarteten Verlauf nimmt, welcher Beschädigung am Fertigprofil zur Folge hat und Umstellungen in der vorgesehenen Profilgebung und Wärmebehandlung erforderlich macht. Schließlich können im Betriebe der Turbine Defekte auftreten, bei denen die Schaufeln in Mitleidenschaft gezogen werden. Im nachstehenden werden die am meisten vorkommenden Schäden behandelt.

1. Erfahrungen bei Herstellung des Rohmaterials.

Fehler in der Zusammensetzung der Legierung und unzulässiges Vorkommen von Verunreinigungen, wie Phosphor und Schwefel, sind bei und nach der Anfertigung des Gusses zu erkennen, so daß man damit rechnen kann, daß nur Rohstoff von einwandfreier Zusammensetzung seitens des Rohstoffwerkes zur Ablieferung kommt. Hiernach bleiben als mögliche Schäden Lunker, Seigerungen und Längsrisse.

Lunker können vorkommen, wenn der gegossene und auszuwalzende Block zu knapp geschopft ist (Schopfstelle *a—b*, Abb. 14, S. 8), wodurch die Enden des vom Gießen herrührenden Hohlraumes sich beim Walzen in die Länge strecken. Es kann aber auch vorkommen, daß sich noch unterhalb des Trichters Hohlräume befinden, die nach dem Schopfen an der Trennfläche bei *c—d*, Abb. 14, nicht erkenntlich sind. Sie treten erst am ausgewalzten Knüppel auf und sind dort an den abgesägten Enden nur wahrnehmbar, wenn sie bereits beträchtliche Größe besitzen, Abb. 86. Im gewalzten Profilstabe ziehen sie sich wie haardünne

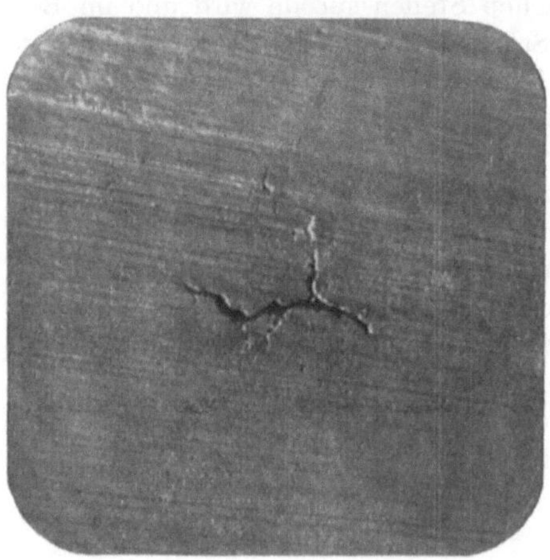

Abb. 86. Lunker im Walzknüppel.

Fäden im Inneren hin, und es bedarf nicht unbeträchtlicher Übung, um sie an bestimmten Stellen des Arbeitsganges zu erkennen (Abb. 87). Nicht rechtzeitig erkannt, werden sie meist erst beim Abschneiden der Schaufeln von der Stange sichtbar oder gar erst beim Ausfräsen der konkaven Seite bloßgelegt (Abb. 88).

Blasen bei Messing. Auch bei Messing kommt es vor, daß sich beim Gießen des Blocks bzw. der Pla-

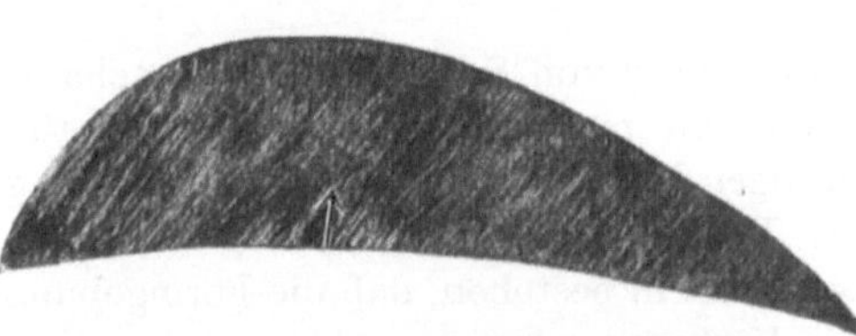

Abb. 87. Lunker im ausgewalzten Vorprofil.

tinen Hohlräume bilden. Diese vergrößern sich beim Auswalzen, können zu Dopplungen quer durch die ganze Schaufel führen und diese dadurch in zwei Hälften zerlegen (Abb. 16). Doch sind solche Fälle immerhin selten.

Mit Seigerung bezeichnet man die Erscheinung, daß der Stahl nicht über den ganzen Querschnitt gleichmäßige Zusammensetzung besitzt, sondern sich beim Gießen des Blocks in der Mitte Anreicherungen von Nebenbestandteilen bilden. Meist handelt es sich um ein Entmischen von Kohlenstoff, und solcher Stahl hat dann in seinem Innern einen härteren Kern. Dieser tritt bei der Warmverarbeitung noch nicht in Erscheinung, bei der Kaltbearbeitung jedoch kommt es vor, daß die härtere Zone aufreißt und im Innern des Stabes becherförmige Hohlräume entstehen (Abb. 89). Am gezogenen Stabe sind solche Stellen äußerlich durch dunkle Schattierungen quer zur Stabrichtung in ziemlich gleichen Abständen erkennbar. Die dunklen Stellen zwischen den Schattierungen entstehen

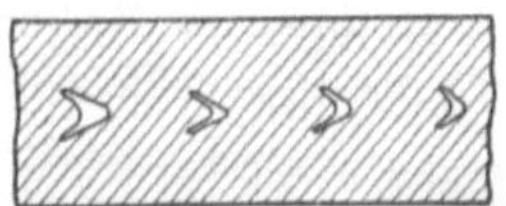

Abb. 89. Hohlräume in Stahlschaufel, von Seigerung herrührend.

dadurch, daß infolge der Bildung eines Hohlraumes der Stabquerschnitt nach innen zusammenschrumpft und nicht so stark an der Matrize gleitet wie der gesunde Querschnitt. Diese Seigerungserscheinung wird manchmal irrtümlicherweise vom Endverbraucher der Schaufeln der den Stahl verarbeitenden Zieherei als Überstreckung vorgeworfen. Das Auftreten solchen Fehlers ist bei legiertem Stahl für Turbinenschaufeln äußerst selten.

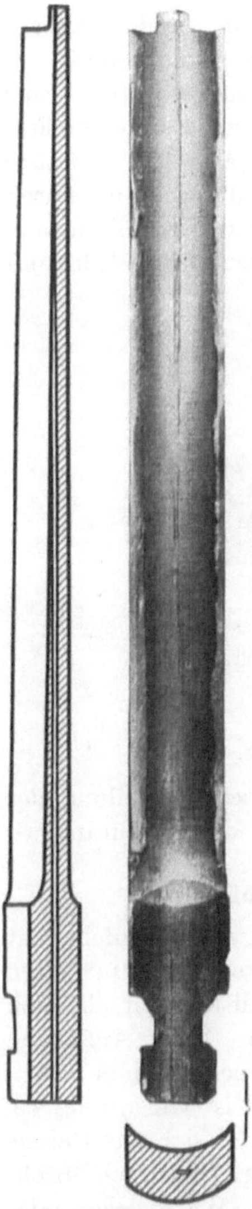

Längsrisse in den Knüppeln können herrühren von Randblasen im Block, die sich während des Eingießens und Erstarrens der Schmelze in der Kokille infolge sprunghafter Abnahme der Löslichkeit von Wasserstoff oder durch Reaktion von Kohlenoxyd bilden. Sind solche Blasen beim Warmwalzen aufgeplatzt, so kommen die Trennflächen der Risse mit der Außenluft oder der Flamme in Be-

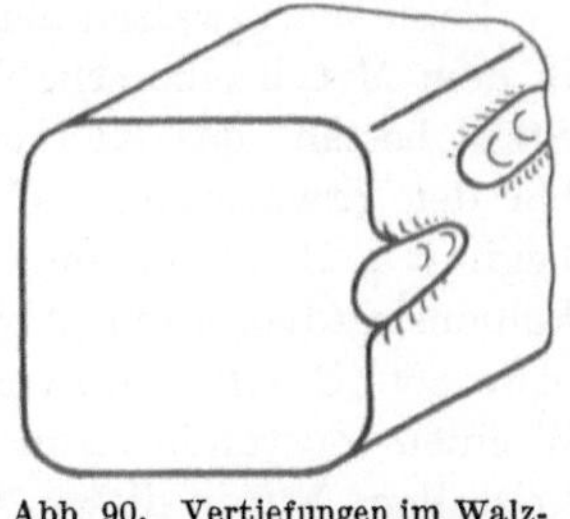

Abb 90. Vertiefungen im Walzknüppel, vom Putzen herrührend.

Abb. 88. Lunker, beim Fräsen zutage getreten.

rührung und oxydieren. Bei Edelstahl, dessen Erwärmung beim Warmwalzen nicht so hoch getrieben werden darf wie die des Eisens, verschweißen solche Fugen dann nicht mehr.

Kleinere Risse können Falten sein, die beim Auswalzen der Blöcke
und Knüppel an solchen Stellen entstehen, an denen blasige Partien

Abb. 91.   Längsrisse im Walzdraht.

u. dgl. mit dem Meißel her-
ausgeholt worden waren,
wodurch sich merklich tiefe
Löcher mit schroffen Übergängen am Rande gebildet
hatten (Abb. 90). Auf ähnliche Faltenbildung durch
Überfüllung der Kaliber sind auch die Längsrisse zurückzuführen, die
sich nach dem Beizen warmgewalzter Stangen zeigen (Abb. 91, 92 und

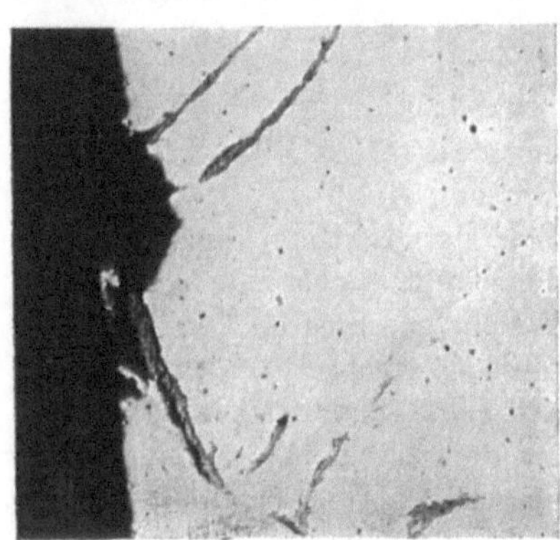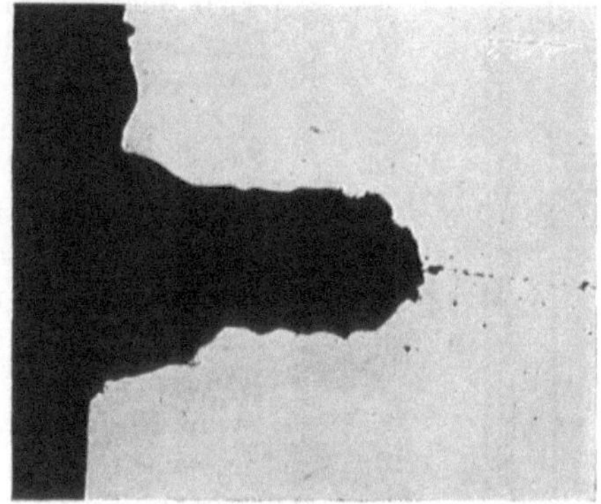

$\times 50$ $\times 50$
Abb. 92 und 93.   Querschliffe der Längsrisse.

93). Solche Faltenbildungen lassen sich durch bessere Verteilung der
Abnahme in den letzten Stichen auf ein geringstes Maß beschränken[1].

2. Erfahrungen bei Herstellung der Profilstäbe.

Beim Warmwalzen der Stäbe oder Ausschmieden von Schaufeln geht
in dem Metall eine erhebliche Gefügeveränderung vor sich. Im kalten
Stahl besteht das Kleingefüge aus Ferrit- und Perlitkörnern, die sich
bei der Erwärmung auf Rotglut ineinander lösen. Diese Auflösung
beginnt z. B. bei einem C-Stahl von 0,2% C entsprechend dem Eisen-
kohlenstoffdiagramm (Abb. 94) bei $A_1 = 720^0$ C und ist vollständig bei
etwa 860° C. Oberhalb von 860° C bis 1440° C befindet sich das Gefüge
in einem Zustande fester Lösung und besteht aus gleichartigen Misch-
kristallen. Nur in diesem Gebiete bilden sich die beim Warmwalzen oder
Schmieden zerkleinerten Kristalle durch Rekristallisation wieder neu,
infolgedessen muß bei dieser Warmverarbeitung das Gebiet der festen
Lösung oberhalb der Linie A_3—S erreicht sein.

---

[1] Oertel, W.: Werkstoff-Aussch. V. d. E. Nr. 83.

Ist das zu bearbeitende Stück noch nicht in diesem Erwärmungsgebiete oder unter das Gebiet A_3—S abgekühlt, so wird der dann noch oder schon wieder vorhandene Ferrit oder Zementit bei der Durchknetung gewaltsam deformiert und es bilden sich Spannungen, die zum Rissigwerden von Flächen und Kanten des Profils führen.

Manchmal entstehen solche Spannungsrisse, wie sie Abb. 95 zeigt, bei lufthärtbarem legierten Stahl (nichtrostendem Stahl) nach dem Warmwalzen schon durch zu schroffes Auskühlen an der Luft, manchmal aber erst, wenn warm gewalzter, schnell erkalteter Stahl in warme Beize gelegt wird.

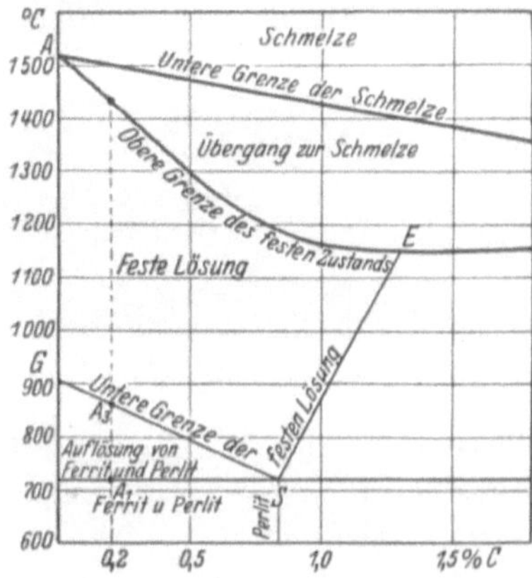

Abb. 94. Zustandsdiagramm für C-Stahl.

Die Spannungen, welche darauf zurückzuführen sind, daß nach dem Warmwalzen die sich schnell abkühlende Oberfläche durch den noch wärmeren Kern am Schrumpfen gehindert wurde, lösen sich in der Beize durch die Bildung der Risse aus.

Oberflächenriefen. Beim offenen Erwärmen von Nickel und Nickellegierungen mit Stahl oder Kupfer bilden sich leicht an der Oberfläche der Werkstücke Verbindungen des Nickels mit Sauerstoff oder Schwefel, die in Form von Furchen an den Korngrenzen entlang auftreten (Abb. 96). Der Zusammenhalt der Körner wird zerstört und die zunächst ganz äußerlichen Furchen dringen, je nach der zunehmenden Dauer der Erwärmung und der Höhe der Temperatur, in das Innere des Stabes ein.

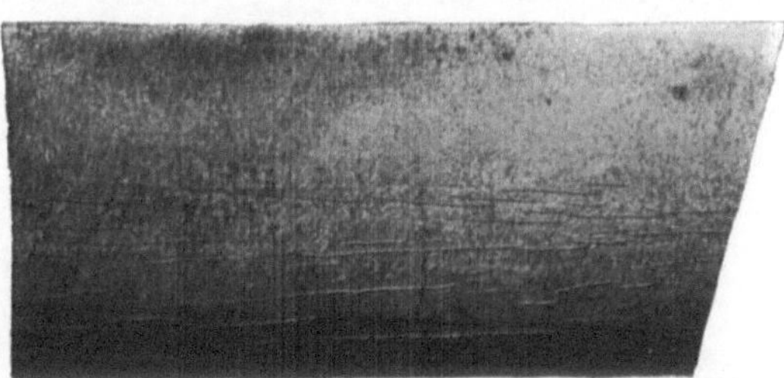

Abb. 95. Spannungsrisse durch zu schroffe Abkühlung nach Warmwalzen.

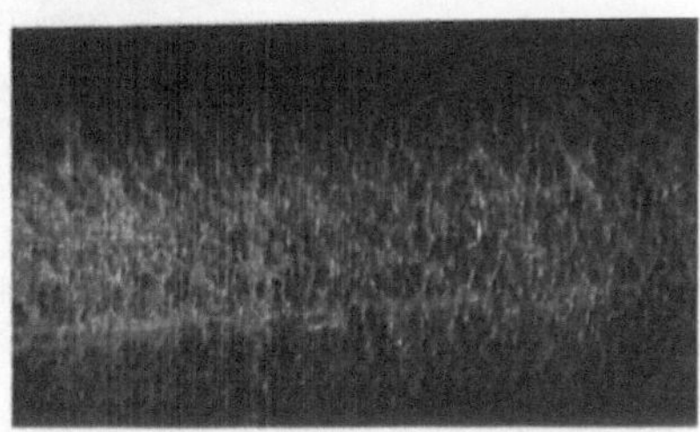

Abb. 96. Oberflächenriefen an Nickellegierung.

Diese Neigung besteht bei allen Nickellegierungen, sie läßt sich nur eindämmen durch Abkürzung der Glühdauer, Vermeidung zu hoher Temperaturen und schwefel- oder oxydreicher Anwärmgase. Auf die Festigkeit der Schaufelstäbe sind die Furchen bei geringer Tiefe fast ohne Einfluß, jedoch werden sie wegen möglicher Kerbwirkung bei Schwingungen, der Gefahr von Rostansätzen bei Stählen und wegen ihres unschönen Aussehens bei gewissenhafter Fabrikation restlos beseitigt bzw. möglichst vermieden.

Abb. 97.   Schaufel mit Ziehriefen.

Ziehriefen (Abb. 97) entstehen gewöhnlich, wenn sich ein Teilchen während des Ziehens vom Profilstabe ablöst und durch Adhäsion an der Matrize sitzenbleibt. Doch können solche Fremdkörper auch anderen Ursprungs sein, z. B. von ungenügend harten Matrizen oder aus dem Ziehöl stammen.

3. Erfahrungen bei Herstellung der Schaufeln und Beschauflungen.

Beim Biegen von Blech- oder Bandstreifen zu dachziegelförmigen Schaufeln treten leicht Risse auf, wenn die Schaufeln aus dem Vollen gestanzt und nicht nachträglich wärmebehandelt sind. Die Schnittkanten

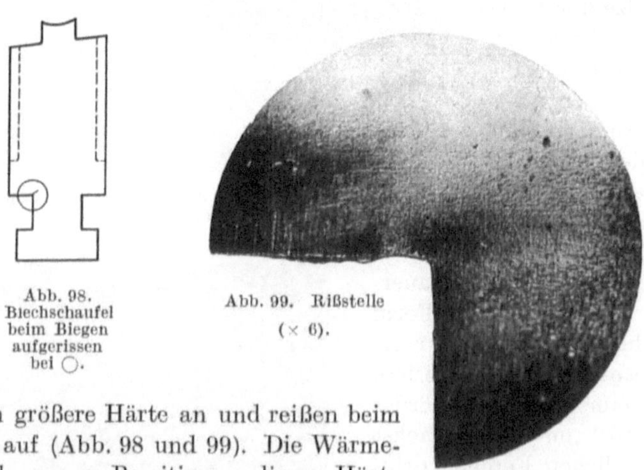

Abb. 98.
Blechschaufel
beim Biegen
aufgerissen
bei ◯.

Abb. 99.   Rißstelle
(× 6).

nehmen größere Härte an und reißen beim Biegen auf (Abb. 98 und 99). Die Wärmebehandlung zur Beseitigung dieser Härte muß natürlich sehr vorsichtig geschehen, damit nicht der Umwandlungspunkt überschritten wird und vollständige Erweichung unter Herabminderung der Streckgrenze auch für den übrigen Teil der Schaufel einsetzt. Durch Fräsen der Schaufelfußform anstatt Stanzen läßt sich die Wärmebehandlung vermeiden, weshalb das Ausfräsen im allge-

meinen vorgezogen wird. Abb. 100 zeigt zwei gebogene Nickelstahl-
bleche, deren eines nur gestanzte, das andere noch nachgefeilte Kanten
hatte. Die nur gestanzte Kante ist beim Biegen aufgerissen. Als ebenso

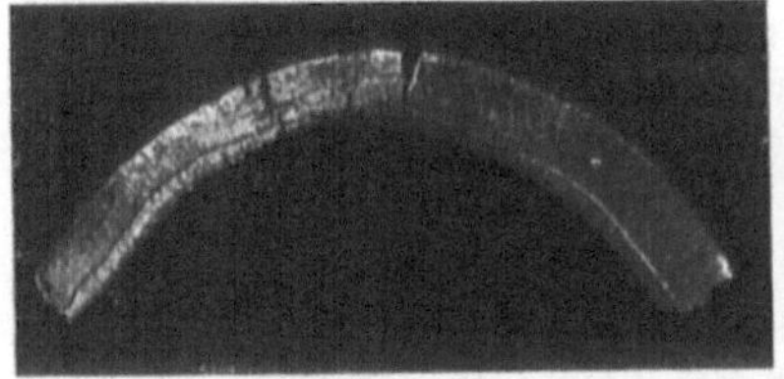
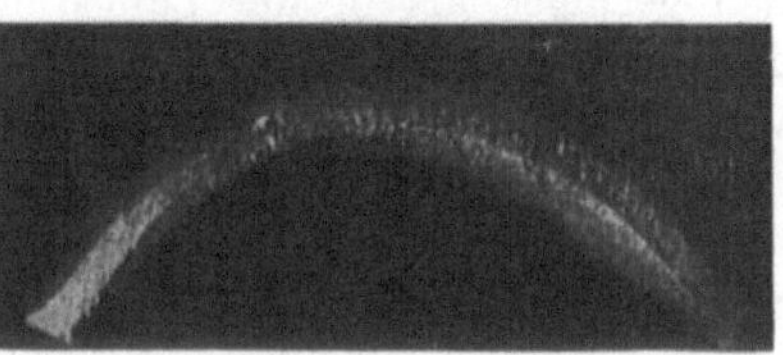

a   b

Abb. 100a und b. Blechschaufeln aus Nickelstahl.
a beim Biegen rissig geworden an der Stanzkante.
b beim Biegen nicht gerissen, weil vor dem Biegen befeilt.

zweckmäßig wie das Nachfeilen würde das allseitige Nachfräsen der
vorgestanzten Schaufeln um die Tiefe der Kalthärtung durch das Stanzen, d. i. um etwa 1 mm, anzusehen sein.

Die Gefahr einer zu hohen Beanspruchung der Ecken beim Biegen
wird übrigens auch vermieden bei Verwendung von profilhaltig gewalzten und gezogenen Stäben. Die An-
fertigung solcher scharfkantigen Profil-
schaufeln machte früher einige Schwierigkeiten,
und es kam vor, daß die scharfen Kanten
beim Ziehen einrissen. Seit mehr als 10 Jahren
sind jedoch die Fabri-
kationsmethoden so ver-
vollkommnet, daß die Kanten
keinerlei Beschädigungen bei der
Anfertigung der Profile erhalten.

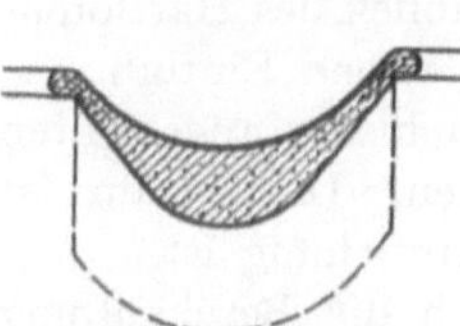

Abb. 101. Faserverlauf in Fußschaufeln.
a aus dem Vollen gefräst.
b gesenkgeschmiedet.

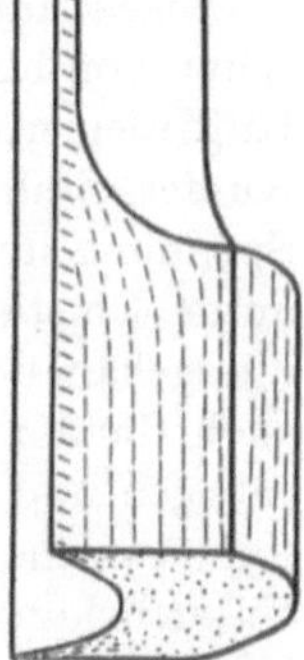

Abb. 103. Gepreßte
Fußschaufel mit
veränderter Faser-
richtung an den
Spitzen infolge
Gratbildung, wie
Abb. 102 zeigt.

Abb. 102. Gepreßte Fuß-
schaufel mit seitl. Grat
und veränderter Faserrichtung an den Spitzen.

Bei Schaufeln mit Fuß soll das
Gesenkschmieden bekannt-
lich gegenüber dem Fräsen unter
anderem den Vorteil haben, daß
die Fasern nicht getrennt werden,
sondern an der Übergangsstelle
von Fuß und Schaft unversehrt bleiben und nur zusammengedrängt
werden (Abb. 101). Beim Gesenkschmieden ist aber darauf zu achten,
daß nicht der Stoff durch zu starkes seitliches Herausquetschen aus der
Form eine Veränderung der Faserrichtung nach der Seite zu erfährt
(Abb. 102 und 103). Dadurch würden sonst bei der Biege- und Schwin-

gungsbeanspruchung gerade die gefährdetsten Stellen, die zugeschärften Ein- und Austrittskanten, nicht in der Längsrichtung, sondern in der Querrichtung zur Faser beansprucht. In der Querrichtung ist aber, wie bekannt, die Festigkeit und besonders die Kerbzähigkeit beträchtlich geringer als in der Längsrichtung der Faser. Der Vorteil der geschmiedeten Fußschaufel würde sich demnach nur am Rücken auswirken, dagegen an den Kanten sich in das Gegenteil verkehren.

Beim Profilieren der Schaufeln aus hochchromhaltigem (lufthärtendem) Stahl durch Schmieden und Warmpressen erkalten die dünnen Spitzen außerordentlich schnell. Es ist sogar wegen des Ruhens der Stücke in den Gesenken noch eher als beim Warmwalzen möglich, daß diese Stellen während der Bearbeitung unter diejenige Temperatur erkalten, bei welcher nach den auf S. 88 gemachten Ausführungen eine plastische Verformung der Kristalle besteht, so daß bei der zu niedrigen Temperatur eine gewaltsame Deformierung und Sprödigkeit der betreffenden Stellen eintritt. Diese löst sich beim Biegen, Werfen oder Beizen der Stücke in Rissen aus. Die Gefahr wird durch achtsame Behandlung der geschmiedeten Stücke und dann erfolgendes Anlassen bzw. Glühen vermieden. Sehr wichtig ist, daß sich hierbei die Glühtemperatur nicht nach der Härte des dicken, weicheren Querschnitts, sondern nach der sehr hohen Härte der dünnen Spitzen richtet und nach den auf S. 65 oben gegebenen Hinweisen hoch genug ist.

Sogenannte Lötbrüchigkeit ist eine Erscheinung, die z. B. beim Löten von unter Spannung befindlichen Werkstücken aus Kupfer oder Kupferlegierung vorkommt. Lote sind bekanntlich eine Legierung aus Kupfer, Zink und Silber. Nun steht aber fest, daß Lote, die auf unter Spannung stehendes Kupfer und seine Legierungen aufgetragen werden, unter Umständen zerstörend wirken können. Es ist besonders der Zinngehalt der Weichlote, der in dieser Beziehung gefährlich ist, aber auch Hartlot übt auf ein Werkstück, das im Augenblick des Hartlötens gebogen und damit unter Spannung gesetzt ist, gleichen Einfluß aus. Irgendwelche Gesetzmäßigkeiten hat man aus den bisher angestellten Untersuchungen aber noch nicht ermitteln können. Die Gefahr ist jedenfalls um so größer, je größer die Biegebeanspruchung ist.

Wenn Deckbänder vernietet sind, befindet sich die Beschauflung meistens unter einer gewissen Spannung, weil die Schaufelköpfe vor der Vernietung nicht absolut zentrische Stellung zum Nietloch hatten, sondern die Schaufeln beim Überstecken der Deckbänder mehr oder weniger gebogen wurden. Außerdem entsteht durch die Vernietung an sich eine gewisse Spannung auf die Seitenwände des Nietloches. Wenn nun nachträglich die Nietköpfe mit Silberlot verlötet werden, löst sich die Spannung aus und es treten bei einer bestimmten Temperatur leicht Risse auf (Abb. 104), die sich mit Lot füllen. Das Lot zeigt damit seine starke Neigung zu interkristallinem Eindringen in ein unter Spannung befindliches, erwärmtes Werkstück. Der Vorgang ähnelt dem Entstehen von Rissen an sehr hart gezogenen Messingstangen der Legierung 58/42, wenn diese in Quecksilber oder Quecksilbersalze eingetaucht werden, nur geht die Zerstörung beim Löten sehr viel weniger heftig vor sich.

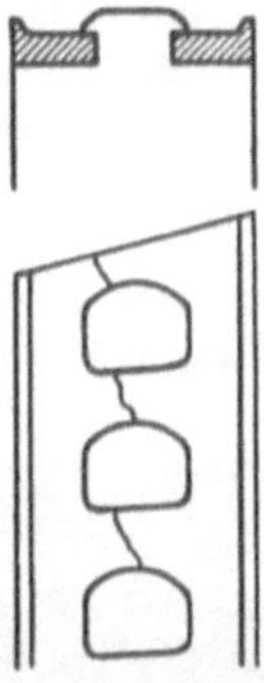

Bei den Deckbändern handelt es sich zwar nicht um einen hart gezogenen Werkstoff, aber die Spannungen sind durch die Nietköpfe gegeben und äußern sich in verstärktem Grade, weil die Zähigkeit des Deckbandes durch die Erwärmung auf Löttemperatur bedeutend herabgemindert wird.

Bei Schaufeln aus Kupfer und Kupferlegierungen mit hohem Kupfergehalt, wie Ms 72/28, liegt die Gefahr von Lötbrüchen im allgemeinen nicht vor. Diese Legierungen

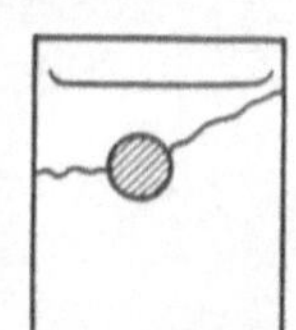

Abb. 104.
Deckband beim
Löten gerissen.

sind viel plastischer als Ms 58/42 oder Nickelmessing, zumal sie weder hart gezogen sind noch durch völliges, langes Glühen aufgelockertes Gefüge erhalten haben. Tatsächlich ist denn auch eine normal knetbearbeitete Messingschaufel oder ein ebensolches Deckband gegen die Einwirkung des Lotes nur wenig empfindlich.

Hin und wieder vorgekommene, nicht aufgeklärte Brüche an Schaufeln beim Löten (s. Abb. 105) sind wahrscheinlich auf eine sehr starke Zugspannung durch den Bindedraht oder ein versehentliches heftiges Anstoßen mit der Lötpistole an den oberen Schaufelteil bei bestimmter ungünstiger Temperatur im Augenblicke des Lötens zurückzuführen.

Abb. 105. Bruch
an einer Schaufel, beim Löten
entstanden.

Eingießen von Schaufeln. Bekanntlich werden die Leitschaufelbleche allgemein und die Leitschaufeln für bestimmte Konstruktionen in die Düsen bzw. Scheibenkörper eingegossen. Zum Eingießen eignen sich aber nur solche Werkstoffe, deren Gefüge durch die hohe Temperatur des flüssigen Gußeisens, etwa 1300° C, keine Veränderung erfährt. Solche sind z. B. Nickelstahl und kohlenstoffarmer C-Stahl. Hingegen sind nicht geeignet nichtrostende VM-Stähle mit C-Gehalt um 0,1 % und darüber, weil dieselben an den Eingießstellen härten. Ferner sind ungeeignet kupferreiche und zinkhaltige Metalle, weil sie niedrigere Schmelztemperatur als Gußeisen haben und daher beim Übergießen entweder sich lösen oder an den Übergangsstellen an Festigkeit und Dehnung verlieren. Letzteren Übelstand zeigt auch Monel. Nichtrostende VA-Stähle sind auch nicht zu empfehlen, da sie ihre nichtrostenden Eigenschaften durch das Eingießen verlieren und auch an der Eingießstelle an Zähigkeit einbüßen. Dagegen ist die dem V 2 A verwandte Legierung

ATV verwendbar, da sie so hohe Temperaturen ohne Beeinträchtigung ihrer mechanischen und physikalischen Eigenschaften verträgt.

Nach neueren Verfahren werden Leitschaufeln aus solchen Werkstoffen, welche sich im allgemeinen nicht für Eingießen eignen, eingelötet, zumal das Verfahren genauer und billiger ist.

4. Erfahrungen im Dampfturbinenbetriebe.

Selbst wenn alle Maßnahmen bei der Herstellung der Werkstoffe und bei der Verarbeitung der Beschauflungen sorgfältig beachtet

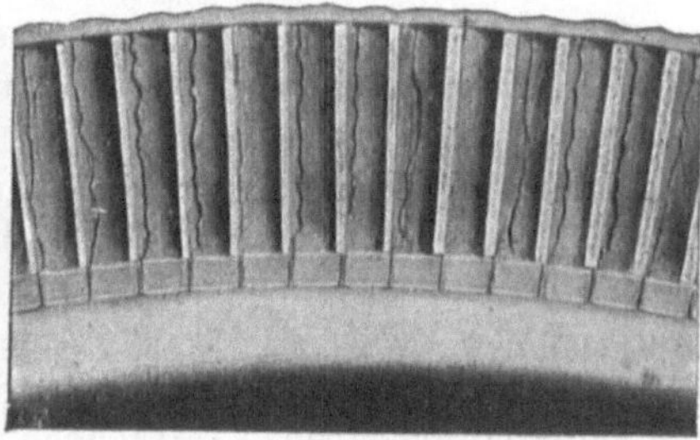

Abb. 106a und b. Temperatureinwirkung
auf Bronzeschaufeln.

wurden, entscheiden doch die Erfahrungen im Betriebe über die Richtigkeit der Wahl des Werkstoffs und die Ausführung der Beschauflung. Die meisten Erfahrungen und die daraus zu ziehenden Lehren werden durch unerwartet eingetretene Schäden gebildet. Die Kenntnis solcher Schäden ist daher für Werkstoffhersteller, Konstrukteur und Werkstätteningenieur von gleicher Wichtigkeit.

Die Ursachen von Schäden können in etwa folgende Gruppen eingeteilt werden:

a) Wenig geeignete Werkstoffe und fehlerhafte Werkstoffverarbeitung,
b) Anstreifen der Schaufeln infolge Schwingungen des Rotors und der Scheiben und axialer Bewegung des Rotors,
c) Schwingungen der Schaufeln selbst,
d) Einwirkung von Korrosion und Erosion,
e) mitgerissene Fremdkörper.

a) Als wenig geeignete Werkstoffe und fehlerhafte Werkstoffverarbeitung sind z. B. anzusehen, wenn der bekannte 25proz.

Nickelstahl sowie andere hochprozentige Nickelstähle in kalt gerecktem Zustande eingebaut sind, so daß die ihnen innewohnenden Spannungen sich bei Dampftemperatur auslösen müssen und zu Rissen und Brüchen führen, wenn nicht zu größeren Schäden Anlaß geben (Abb. 57, S. 59).

Bei sehr plastischem Werkstoff, wie Messing 72/28, ist erfahrungsgemäß ein gelinder Zug am Schlusse der Ziehoperationen unbedenklich. Bei allen legierten Stählen und allen Sondermessingen, auch bei Monel und ATV, die in ihrer Bildsamkeit dem Messing 72/28 ähneln, sollte jedoch besser der letzten Kaltbearbeitung eine Wärmebehandlung folgen. ATV wird im Auslande auch in schwach kaltbearbeitetem Zustande ver-

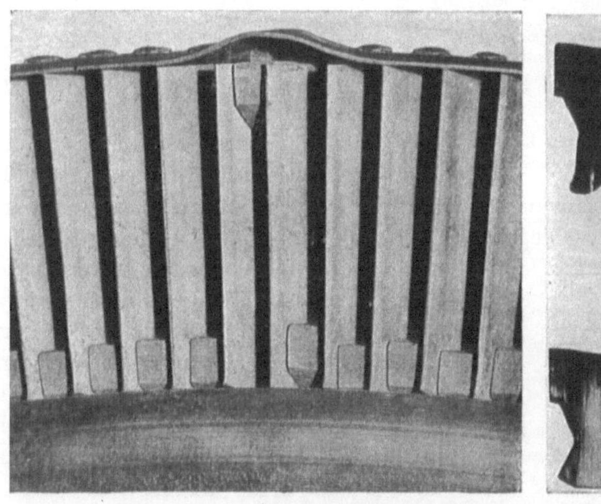

Abb. 107 a und b.
a Temperatureinwirkung auf Messingzwischenstücke.
b das Zwischenstück vor und nach dem Herauswachsen.

wendet. Welcher Prozentsatz Kaltbearbeitung äußerstenfalls zulässig ist, liegt zahlenmäßig nicht fest und richtet sich nach der Vorbehandlung.

Schäden können ferner entstehen durch Verwendung der Werkstoffe bei höheren Temperaturen, als von vornherein vorgesehen sind (Abb. 106). Als höchste Grenze gilt für Messing 72/28 200° C, für Aluminiumbronze und Sondermessinge 300° C, für Monel 350° C. Für Stähle ist bei Festlegung der anzuwendenden Höchsttemperatur die Kriechgrenze zu berücksichtigen.

Die Verwendung von Messing für Zwischenstücke von Beschauflungen, die in höheren Temperaturen als 250°, der für Messingzwischenstücke höchstzulässigen, arbeiten, ist nicht ratsam, denn sie kann zum Nachlassen der Festigkeit des Messings führen. Dies hat schon wiederholt Anlaß zu Schaufelschäden gegeben, indem Zwischenstücke aus

Messing oder Kupfer nach und nach — jedenfalls begünstigt durch wiederholtes Ausdehnen und Zusammenziehen in der keilförmigen Be-festigungsnute beim Erwärmen und Kaltwerden der Turbine — aus ihrer Befestigungsstelle herauswuchsen und hochgingen (s. Abb. 107[1]).

Abb. 108.   Schlußstück aus Kupfer, aus der Befestigungsstelle herausgewachsen.

Ebenso gefährlich können die Schlußstücke der Ringbeschauf-lungen sein, die früher häufig aus Kupfer hergestellt wurden. Sie wachsen aus ihrer Befestigungsstelle, wo sie fest eingestemmt waren, her-aus und gewinnen damit die Eigen-schaft eines Fremdkörpers in der Beschauflung (Abb. 108).

Manchmal reißen die Messing-zwischenstücke an der Einschnürung des schwalbenschwanzförmigen Fußes ab, werden nach außen ge-schleudert und verbiegen das Deckband, ähnlich wie in Abb. 107. Bis-weilen werden sie bei einer Revision in dieser Stellung gefunden und können rechtzeitig ent-fernt werden, bevor sie eine Wanderung durch die Turbine angetreten haben[2].

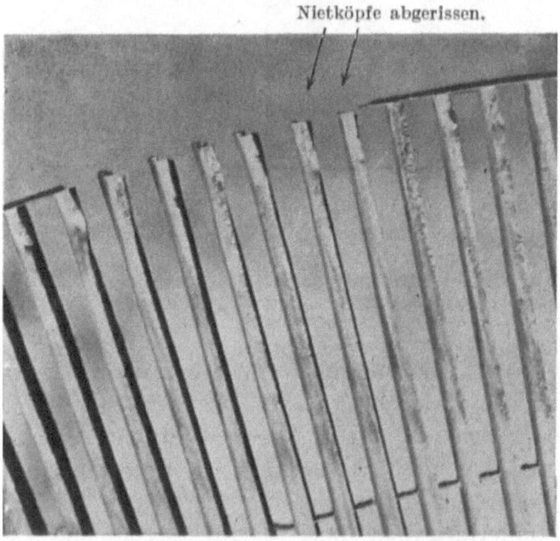

Solche Schäden sind allerdings heute kaum noch zu befürchten, nachdem Messingzwi-schenstücke bei rasch laufenden Turbinen durch die nur halb so teuren und auch leicht verarbeitbaren Weich-eisenzwischenstücke ab-gelöst sind.

Abb. 109.   Stahlbeschauflung mit im Betriebe abgerissenem Deckband.

Bei Verwendung von Schaufeln aus einfachem C-Stahl besteht die Gefahr der Blau- oder Warmbrüchigkeit bei Temperaturen zwischen

---

[1] Lasche-Kieser: Konstruktion und Material im Bau von Dampfturbinen. 3. Aufl., S. 82.   Berlin: Julius Springer 1925.
[2] Der Maschinenschaden 1929. Heft 6.

250–300° C wegen des vorüber-
gehenden Rückganges der Dehnung in diesem Temperaturgebiete (Abb. 52, S. 56). Nickelstahl zeigt diese unangenehme
Eigenschaft in weit geringe-
rem Maße und bei rostfreiem
Stahl ist sie nicht festgestellt.

Werkstoffe, die bei Kalt-
bearbeitung schnell hart
werden, sind für starke Vernietung ungeeignet. Es kann
vorkommen, daß sich zu
stark geschlagene Nietköpfe an
ihrer Wurzel lösen, so daß
beim geringsten Wasserschlag
die Deckbänder abfliegen
(Abb. 109). Die Vernietung
sollte daher um so weniger
ausgiebig vorgenommen werden, je größere natürliche
Härte der Werkstoff besitzt.

Grobkörniges Gefüge mit
Anzeichen von Überhitzung

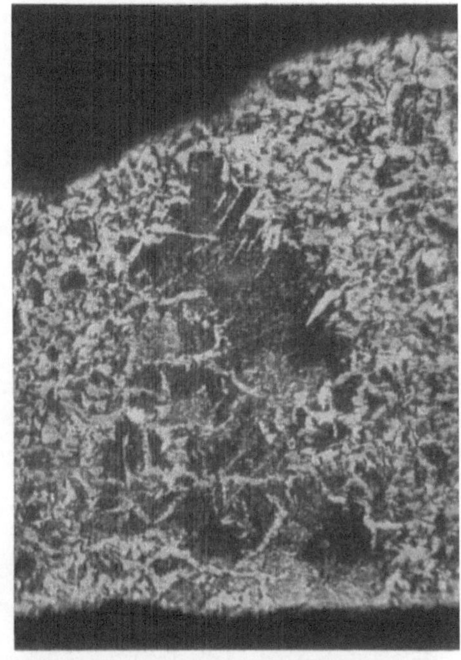

Abb. 110. Grobkörniges Überhitzungsgefüge
auf dem Querschliff einer Stahlschaufel, 8 mm
vom Anriß der Abb. 112 (Schaufel 32) entfernt.

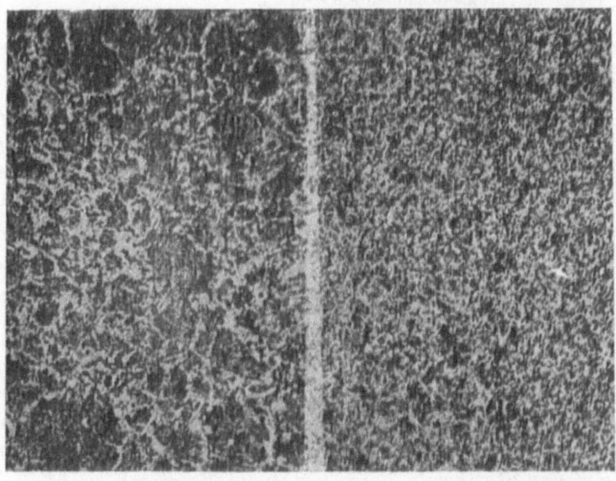

Abb. 111. Ungleiches Gefüge der Stahlschaufel, Abb. 112 (Schaufel 32).
a Grobes Gefüge im Schaft in Nähe des Anrisses.
b Feines Gefüge des Schaufelfußes.

die bei der Einzelanfertigung von Schaufeln durch Warmschmieden und Pressen sowie durch Härten vorgearbeiteter Stücke möglich ist, zeigt Abb. 110[1]. Ebenso kann es bei solcher Art der Anfertigung vorkommen, daß die Gefüge am Fuße und im Schaft ungleich sind, wie Abb. 111 zeigt. Die Folge hiervon kann sein, daß die Schaufeln im Schaft infolge Schwingungsbruchs defekt werden (Abb. 112). Dieser Fall bestätigt die auf S. 118 ausgesprochene Notwendigkeit der Prüfung warmgeschmiedeter Schaufeln an verschiedenen Stellen mittels Rockwell- oder Hessenmüller - Prüfers „Testor", durch welche zum mindesten grobe Härteunterschiede feststellbar sind, die auf Gefügeungleichheit schließen lassen.

Nr. 32.   Nr. 222.

Abb. 112. Anrisse an Turbinenschaufeln aus C-Stahl.

Bimetalldraht. Nach den im Abschnitt IV, Werkstoffwahl, gemachten Angaben soll Bimetalldraht einen Kupfermantel von 25% des Querschnitts besitzen. Es ist zweckmäßig, daß die Stärke des Kupfermantels auf dem ganzen Umfang möglichst gleichmäßig ist. Abb. 113 stellt die Zerreißprobe eines geglühten Bimetalldrahtes dar, dessen Stahlseele etwas unrund ist, so daß bei der Zerreißprobe der Kupfermantel an der Ausbauchung des Stahldrahtes an vielen Stellen quer eingerissen ist.

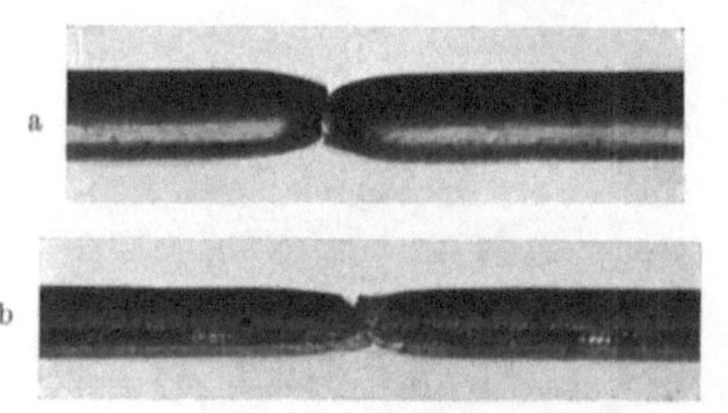

Abb. 113.   Bimetalldraht.
a Zerreißprobe im gezogenen Zustand.
b Vor Zerreißen geglüht.

Beim Löten wird der Draht an der Lötstelle wärmer als in der Mitte zwischen zwei benachbarten Schaufeln. Die Umkristallisation des Gefüges der Stahlseele beim Löten ist demnach nicht gleichmäßig, und es ist möglich, daß an denjenigen Stellen, wo ein etwa mit 7

---

[1] v. Schwartz: V. d. E.-W. 1926, Nr. 412, S. 287.

bis 15% Querschnittsabnahme gezogener Draht auf die für solche Reckgrade kritische Anlaßtemperatur, etwa 700° C, erwärmt wird, grobes Gefüge entsteht. Um dies zu verhindern, empfiehlt es sich, den Reckgrad bei Fertigstellung und Verwendung des Drahtes zu beachten.

b) Anstreifen der Schaufeln am Leitkranz durch Schwingungen und axiale Bewegungen des Rotors und der Scheiben ist vor allem beim Anlaufen der Turbine möglich, wenn sie einseitig erwärmt wurde. Der Rotor nimmt dadurch eine leichte Krümmung an, die sich beim Anfahren durch immer stärker werdende Schwingungen bemerkbar macht. Um dies

Abb. 114. Durch Anstreifen zugedrückte Beschauflung.

zu vermeiden, ist das Anwärmen ganz sachgemäß vorzunehmen oder überhaupt zu unterlassen.

Auch im Betriebe der Turbine kann in gewissen Fällen Anstreifen eintreten, so z. B. durch zu starke Dampfzufuhr, durch plötzliches Schließen des Schnellschlusses, Vibrationen der Scheiben, des Gehäuses oder des Fundaments, Risse in den Leiträdern, Wachsen oder Durchbiegen der Zwischenböden oder des ganzen Gehäuses. Andere Ursachen können sein: Lockerung der Wellenzapfen, Erschütterungen des Läufers, entstanden durch periodisches Vorbcistreichen der Beschauflungen an den Dampfströmen aus den Düsen.

Bisweilen kommt es dann vor, daß die Austrittsflanken der Schaufeln durch abgerissene und in den Leitschaufeln eingeklemmte Deckbandstücke zugedrückt wer-

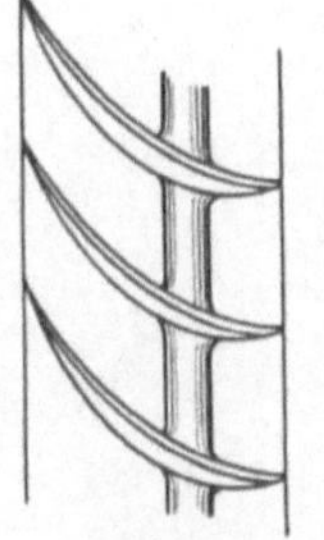

Abb. 115.
Zu schwaches
Schaufelprofil
für hohe
Beanspruchung.

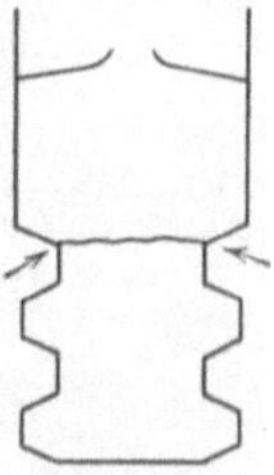

Abb. 116.
Schwingungsbruch in der
Befestigungsstelle.

den, so daß der Dampf nicht abströmen kann (Abb. 114). Er übt dann sehr starken axialen Druck aus, durch den das Kammlager sehr beansprucht wird und zum Auslaufen kommen kann, wenn der hohe Druck längere Zeit anhält.

Schaufelschaden kann auch dadurch entstehen, daß die Schaufelschwingungen einer in Betrieb befindlichen Turbine mit denen einer

Nachbarturbine, die abgestellt wurde und langsam ausläuft, in Resonanz kommen und übermäßig stark werden.

c) **Schwingungsbrüche an Schaufeln.** Auch wenn ein Werkstoff verwendet wurde, der den Einflüssen der Temperatur standhält, so daß nicht damit zu rechnen ist, daß er nicht fest genug ist oder mürbe wird, so können doch die Eigenschwingungen der Schaufeln und Bandagen Schaufeldefekte veranlassen oder begünstigen. Es ist z. B. möglich, daß bei schwachen Überdruckschaufeln eines in Abb. 115 wiedergegebenen Querschnitts und bei Schaufellängen, die das sonst

Abb. 117. Beschauflung aus 5 proz. Ni-Stahl mit 4 infolge Schwingungsbruchs beschädigten Schaufeln.

als Grenze angesehene übliche Vielfache der Schaufelbreite erheblich übersteigen, Ermüdungsbrüche eintreten, die sich nach jedesmaliger Neubeschauflung wiederholen werden, sofern nicht ein stärkeres Schaufelprofil zur Anwendung kommt.

Die Schwingungen können sich verstärken, wenn die Schaufeln in ihrer Befestigungsstelle locker sitzen. Dies begünstigt die Brüche, die manchmal im Fuß der Schaufeln, meist in der oberen Befestigungseinschnürung auftreten (s. Abb. 116).

Abb. 118. Beschauflung aus 5 proz. Ni-Stahl einer Schwesterturbine der in Abb. 117 dargestellten, mit Schwingungsbrüchen.

Die Abb. 117—120 stellen Brüche dar, die auf Schwingungen und zu schwaches Profil zurückzuführen sind. Sie entstammen den sehr lehrreichen Ausführungen Reuters bei der Tagung der V. d. E.-W. während der Werkstoffschau 1927[1].

---

[1] V. d. E.-W. 1927, Sonderheft, Vortrag Ph. Reuter.

Um den Widerstand der Schaufelkanten gegen Erosion zu erhöhen, ist man teilweise dazu übergegangen, die fertiggefrästen Schaufeln zu vergüten, indem man sie zunächst wie Werkzeuge härtet, worauf sie durch Anlassen bei bestimmter Temperatur das erforderliche Maß von Zähigkeit zurückerhalten. Sie befinden sich dann in vergütetem Zustande, der von den Stahlwerken für rostsicheren VM-Stahl auch zum Schutz gegen Korrosion anempfohlen wird (nicht unbedingt nötig für Schaufelstähle, s. S. 64).

Diese Vergütung fertiger Schaufeln ist aber wegen ihrer unsymmetrischen Form und ihres dünnen Querschnitts sehr schwierig. Sie kann Ungleichheiten in der Härte zur Folge haben, vor allem können Teile zu wenig angelassen sein, so daß sie für den Dampfbetrieb und die Schwingungsbeanspruchung als spröde oder gar brüchig zu bezeichnen sind. Leider gibt es kein für den Werkstattbetrieb geeignetes Verfahren, um die Härte der in dieser Weise behandelten Schaufeln in allen Teilen zu untersuchen, ohne die Oberfläche so zu verletzen, daß es für die Lebensdauer der Schaufel gefährlich ist.

Abb. 119. Schwingungsbrüche von Schaufeln aus nichtrostendem Stahl nach 5000 Betriebsstunden.

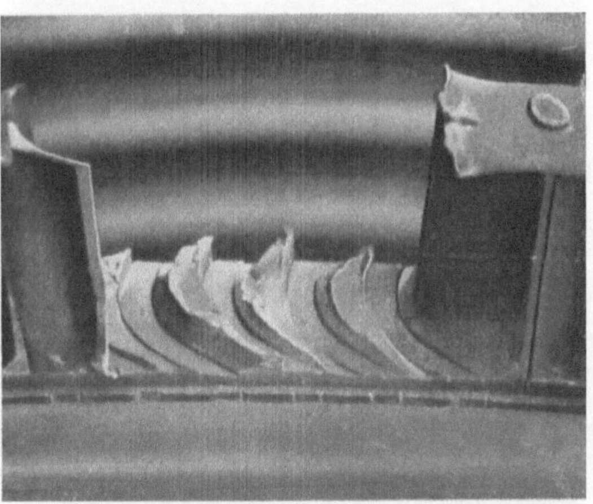

Abb. 120. Schwingungsbrüche der gleichen Beschauflung, welche Abb. 119 zeigt, nach Reparatur durch Einbau von Schaufeln aus 5proz. Ni-Stahl und 1100 Betriebsstunden.

Abb. 121.   Schaufeln aus 5 proz. Ni-Stahl, nach 3 Monaten Betriebsdauer gebrochen.

Abb. 121—125 zeigen eine Reihe von Stahlschaufeln, welche „vergütet"worden waren und nach kurzer Betriebszeit brachen, weil sie gegen die auftretenden Schwingungen zu wenig widerstandsfähig waren[1].

Damit soll aber nicht gesagt sein, daß das Ver-

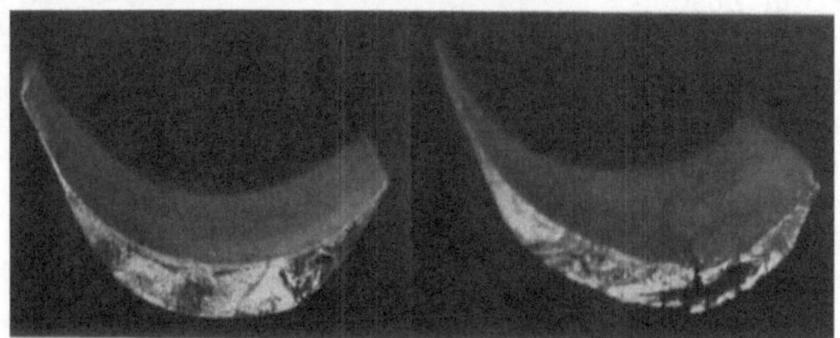

Abb. 122.   Die Bruchflächen der Schaufeln Abb. 121 mit verzunderten Bruchstellen, vom Vergüten herrührend.

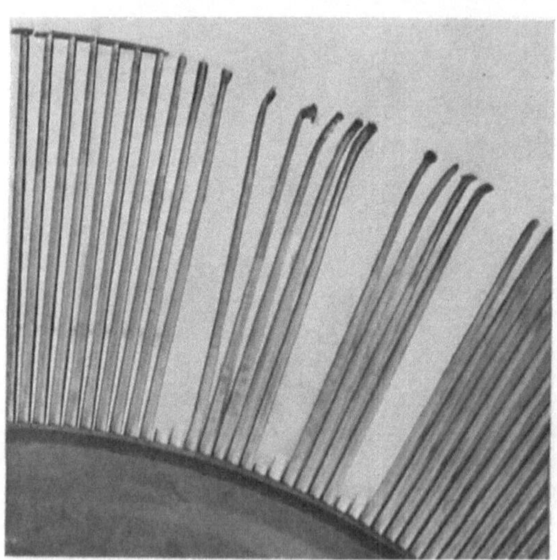

Abb. 123.   Schaufeln aus 5 proz. Ni-Stahl nach 1200 Stunden Betriebsdauer.

güten fertiger Schaufeln grundsätzlich zu verwerfen sei. Es gibt Schaufelformen, die ein gleichmäßiges Vergüten begünstigen, und wenn ein Werk seit Jahren die Vergütung vornimmt und durch Gewissenhaftigkeit und laufende Stichproben große Sicherheit darin erlangt hat, ist denkbar, daß es eine absolute Gewähr für die einwandfreie Vergütung der Schaufeln auf bestimmte Härte und ausreichende Zähigkeit übernehmen kann.

Nachstehend sei ein Auszug aus einem Bericht über einen Schaufelschaden wiedergegeben, der von einer Prüfstelle auf Schwingung zurückgeführt wurde.

---

[1] Bodmer, A.: Chal. et Ind., Sonderdruck.

Der Fall ereignete sich an einer aus zwei parallel geschalteten Teilen bestehenden ND-Turbine von etwa 2000 PS, bei 6000 Umdrehungen. Schaufellängen 15—80 mm, Schaufelwerkstoff Messing. Nur hörbar durch klirrendes und singendes Geräusch, war während des normalen Betriebs ein Schaufelschaden entstanden. Nach Aufdecken zeigte sich, daß an einem der beiden Teile die Schaufeln der 5. bis 10. Reihe glatt abgeschert waren, die 1. bis 4. Reihe waren unversehrt, die Schaufeln der 11. und 12. Reihe verbeult.

Nachdem die Turbine neu beschaufelt und wieder in Betrieb war, ereignete sich kaum $^1/_2$ Jahr später an der gleichen Stelle der gleiche Schaden.

Die Ursache wurde auf geringe Schwingungsfestigkeit der Messingschaufeln der 5. Reihe zurückgeführt und eine Änderung der Werkstoffwahl vorgenommen.

Nicht allein die Schaufeln, sondern auch Deckbänder und Bindedrähte sind den Schwingungen ausgesetzt und können Schaden nehmen, wenn sie aus irgendeinem Grunde nicht genügend widerstandsfähig sind.

Abb. 124. Füße der gebrochenen Schaufeln von Abb. 123.

Nachfolgender Auszug aus einem Bericht behandelt Schwingungsbruch an einem Deckband.

Ein Deckbandstoß war über die Schaufellücke gelegt, welche durch das Schlußstück bei der Ringbeschauflung gebildet wurde. An dieser Stelle stand infolgedessen ein Deckbandende frei heraus, welches vom Scheitelpunkt der Innenkurve der Schaufel etwa 25 mm lang war. Es ist nicht sehr erstaunlich, daß nach kaum 1000 Betriebsstunden das freischwingende Deckbandende der Schaufel-Innenkurve entlang abbrach (Abb. 126).

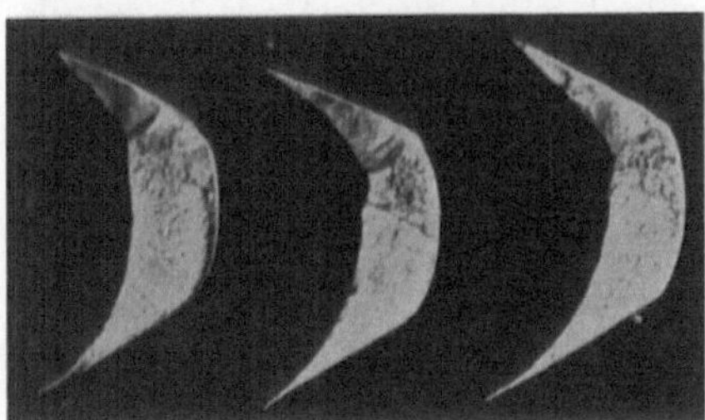

Abb. 125. Die Bruchflächen der Schaufeln von Abb. 123.

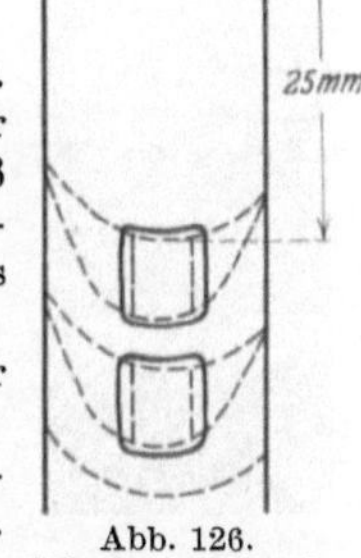

Abb. 126. Schwingungsbruch an einem Deckbandstoß, der über eine Schaufellücke gelegt war.

d) Korrosion und Erosion. Die stärkste Zerstörung der Beschauflungen ist auf die Korrosion, die Verrostung, zurückzuführen. Wie oben erwähnt, tritt diese nicht nur im Betriebe, sondern noch viel stärker bei Außerbetriebstehen einer Turbine ein. Ihre Hauptursache ist der dann durch undichte Ventile der Rohrleitung eintretende Sickerdampf. Ist die stillstehende Turbine nicht an den Kondensator angeschlossen und unter Vakuum gesetzt, so ist mit der unvermeidlichen Luftzirkulation in der

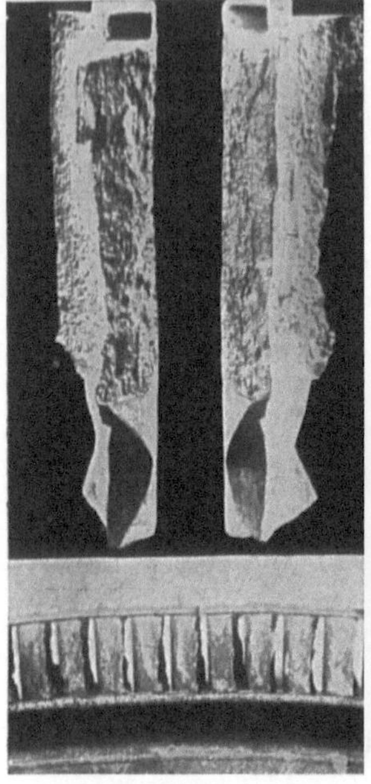

Turbine bei Temperaturwechsel in deren Aufstellungsraum zu rechnen.   Hierbei spielen die chemischen Beimengungen der Luft eine große Rolle.   In chemischen Fabriken können Beschauflungen von Turbinen, welche auf einige Zeit außer Dienst gestellt sind, innerhalb weniger Monate vollständig zermürbt sein, wenn die Schaufeln nicht aus einem gegen die eindringende

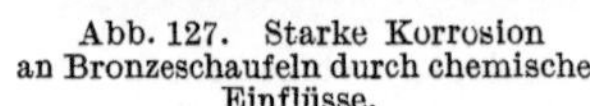

Abb. 127.   Starke Korrosion an Bronzeschaufeln durch chemische Einflüsse.

Abb. 128.   Starke Korrosion an Stahlschaufeln nach 7 Betriebsjahren.

chemische Substanz unempfindlichen, absolut nichtkorrodierenden Werkstoffe bestehen.   Hier genügt manchmal selbst der rostfreie Konstruk-

tionsstahl nicht, da die chemischen Beimengungen des Dampfes die sonst den Rostschutz bewirkende Eigenschaft der Legierung überwinden.

Abb. 127 zeigt eine Beschauflung, die durch Korrosion zerstört wurde[1].

Abb. 128 zeigt eine

Abb. 129. Beschauflung aus Monelmetall nach 7 Betriebsjahren.

Beschauflung mit Stahlschaufeln nach 7 Betriebsjahren, und Abb. 129 im Vergleich dazu eine solche mit Monelmetallschaufeln nach der

[1] Lasche-Kieser: Konstruktion und Material im Bau von Dampfturbinen, 3. Aufl.   Berlin: Julius Springer 1925.

[Abb. 130. Beschauflung aus Nickelstahl (vordere Reihe, korrodiert) und Monelmetall (hintere Reihe, nicht korrodiert) nach 6 Betriebsjahren.

gleichen Zeit. Beide Werkstoffe zusammen in benachbarten Reihen nach einer Betriebsdauer von 6 Jahren gibt Abb. 130 wieder[1].

Die Abb. 131 stellt Kanten von korrodierten und erodierten Schaufeln dar. Es bedarf keines Hinweises, daß solche Auszackungen Kerbwirkungen ausüben, die gefährlich werden, wenn durch irgendwelche Umstände, wie etwa Wasserschläge, eine plötzliche verstärkte Biegebeanspruchung auftritt.

Abb. 132 zeigt eine ziemlich weit vorgeschrittene Erosion. Es gibt Fälle, in denen sich bei der Prüfung des Schaufelzustandes zeigte, daß die Schaufeln bis zur Hälfte ihres Querschnittes ausgewaschen waren. Manchmal hört die Wirkung der

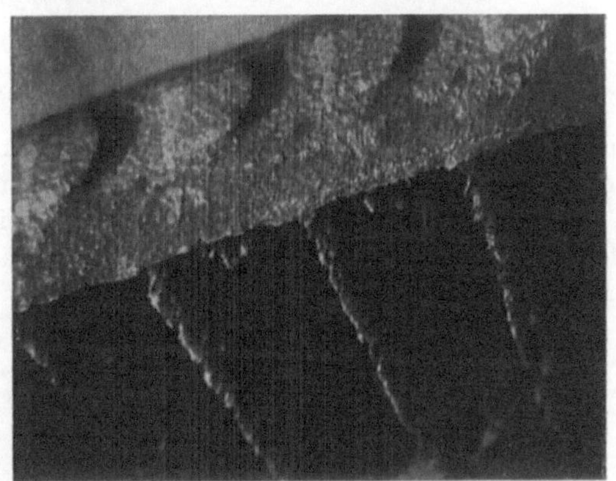

Abb. 131. Erosionsrand von Stahlschaufeln.

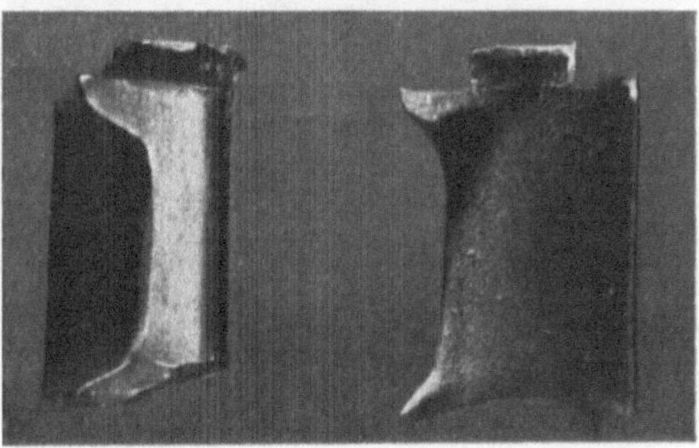

Abb. 132. Starke Erosion an Messingschaufeln.

---

[1] Lasche-Kieser: Konstruktion und Material im Bau von Dampfturbinen, 3. Aufl. Berlin: Julius Springer 1925.

Erosion nach einer gewissen Zeit auf, so daß sie an Schaufeln, die innerhalb einiger Monate bis zu einer gewissen Entfernung von der Schaufeleintrittskante erodiert waren, trotz Bestehenbleibens aller Dampfdruck-

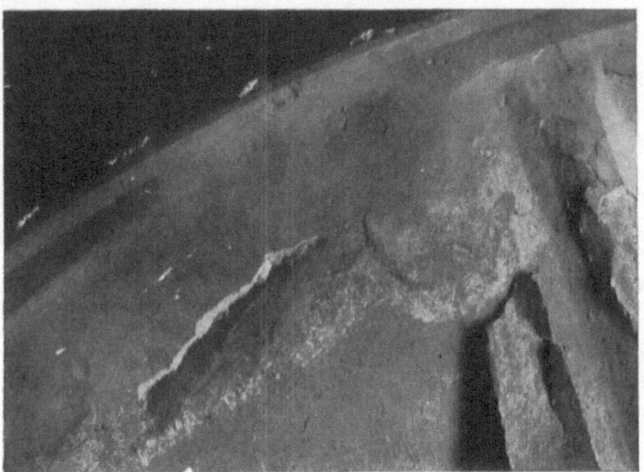

Abb. 133.   Zwischenboden mit abgelösten Gußschalen.

und Temperaturverhältnisse zum Stillstand kommt.   Auch längere Zeit nachher ist dann kein weiteres Fortschreiten der Erosion festzustellen.

In einem anderen Falle zeigten sich nur einige wenige Schaufeln des letzten Niederdruckrades stark erodiert, während alle anderen nicht

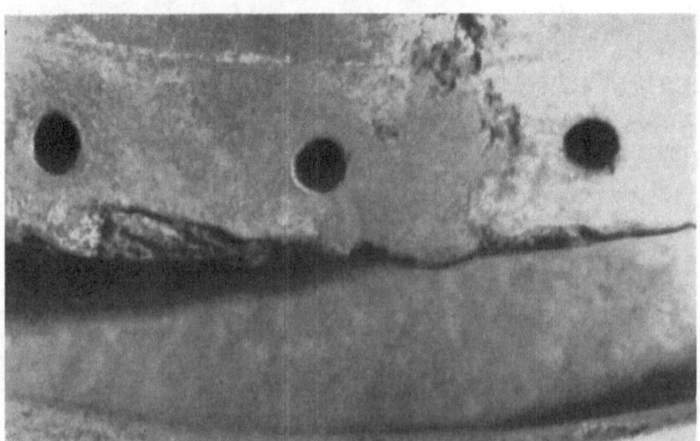

Abb. 134.   Ablösung von Gußschalen an einem gußeisernen
Turbinengehäuse (Sitzfläche des Leitapparates).

erodiert waren und auch keine Spur von Erosionswirkung aufwiesen. Hier konnte man nur ungleichmäßigen Werkstoff vermuten, was sich aber bei der Gefügeuntersuchung nicht bestätigt fand.

e) **Mitgerissene Fremdkörper** spielen in der Geschichte der Schaufelschäden eine große Rolle. Infolge Wachsens des Gußeisens

Abb. 135. Korrosionswucherungen und Abblätterungen an einem gußeisernen Düsendeckel (350° C). a Vor Inbetriebnahme. b Nach längerer Betriebszeit.

kommen Abbrüche und Abblätterungen vom Guß der Gehäuse und Zwischenböden vor, ebenfalls infolge Zermürbungen, Spannungen und Gefügeveränderungen bei normaler Dampftemperatur.

Die Ursache des Wachsens von Gußeisen ist von der Forschung bis jetzt noch nicht genügend geklärt. Sicher ist, daß unter dem Einfluß von Erwärmung eine Umwandlung des Eisenkarbids in reines Eisen und Graphit stattfindet. Da das Volumen des Graphits dreimal so groß ist wie das des Eisenkarbids, ist die Volumenzunahme graphitierten Gußeisens wohl verständlich. Auch die Ausbildungsform des Graphits spielt eine Rolle. Ferner wird das Wachsen beeinflußt durch eine in das Innere des Gußeisens eindringende Korrosion, ferner seinen Gas- und Sauerstoffgehalt und den Wasserstoffgehalt des Dampfes. Das Wachsen bewirkt nach einer gewissen Zeit eine Umdimensionierung, ein Verziehen und Verspannen der Maschinenteile, was schließlich Risse und Abbrüche von Gußteilen zur Folge hat.

Die Neigung des Gußeisens zum Wachsen besteht um so weniger, je feiner die Graphitausbildung ist. Durch Verwendung von Perlitguß wird ein Wachsen der Teile herabgemindert, da Gußeisen mit Perlitgefüge auch im überhitzten Dampf nur geringe Änderung des Volumens erleidet, sofern es dicht, also nicht porös ist.

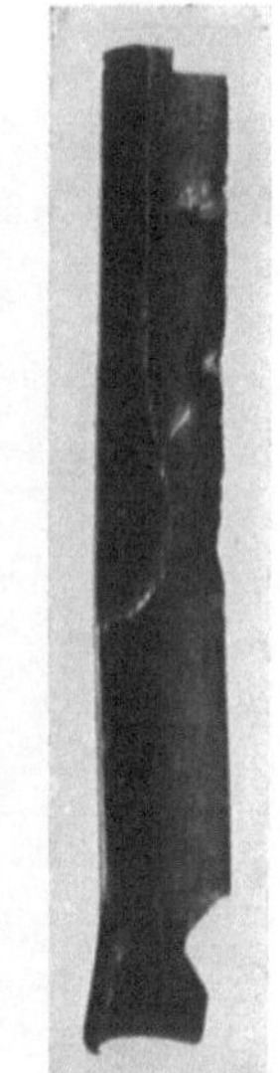

Abb. 136. Ausbeulung an Messingschaufel.

Da die Stellen starken Wachsens und der Gefügeauflockerung von Gußeisen meist hohen Phosphor- und Schwefelgehalt aufweisen, wird seit einigen Jahren den Gießereien eine besondere Zusammensetzung des Gußeisens für Turbinenteile vorgeschrieben, und zwar:

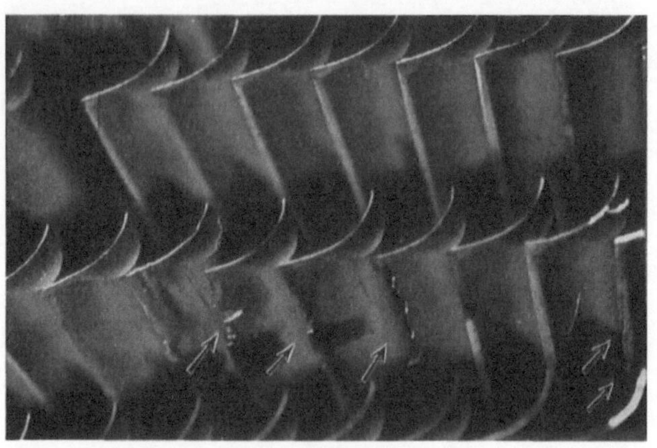

Abb. 137. Fremdkörperdefekt an Schaufeln aus stainless steel einer 50000 kW-Turbine nach 1463 Betriebsstunden.

Abb. 138. Schaufelschaden durch vom Dampf mitgerissenen Fremdkörper (Schaufeln aus 5 proz. Ni-Stahl).

$C = 3,2—3,4\%$
$Si = 1,2—1,5\%$
$Mn = 0,8—1,0\%$
$P = $ höchstens $0,4\%$
$S = $ höchstens $0,3\%$
$Fe = $ Rest

Drei Fälle von starken Abblätterungen[1] und Zermürbungen zeigen die Abb. 133—135. Manche Bruchstücke sind so mürbe, daß sie beim Auftreffen auf die Beschauflungsreihe zermahlen werden, so daß an den Schaufeln keine Ausbrüche, sondern nur Ausbeulungen entstehen, wie Abb. 136 zeigt. Andere gefährliche Ausbrüche von Guß sind Eckstücke von den Be-

[1] V. d. E.-W. 1927, Sonderheft, Vortrag W. Quack.

rührungsstellen der beiden Gehäuseflanschen, wenn diese zu hart an-
einander liegen, oder Stücke aus den Düsenkanälen und den Zwischenböden, wo die Bleche der Leitkanäle einge-
gossen sind. Weitere Fremdkörper bildeten
Stücke von Metallsägen, von der Montage
herrührend, gesprengte Radmuttern, Stopf-
büchsenkammringe, Schweißnähte aus
den Rohrleitungen, Stük-
ke von Dampfsieben usw.
Erwähnt seien auch Was-
sereinbrüche, d. h. Ein-
dringen größerer Wasser-
mengen mit dem Dampf.

Feste Stücke wirken
wie Geschosse auf Glas-
scheiben, sie reißen je
nach ihrer Schwere und
Aufschlagskraft größere
oder kleinere Stücke aus
den dünnen Flanken der
Schaufeln heraus, meist
ohne Verbiegungen an
den Schaufeln zu bewir-
ken, da infolge der hohen
Geschwindigkeit die Fa-

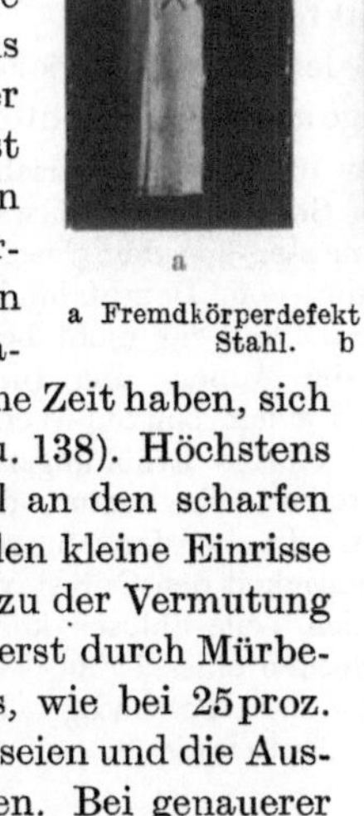
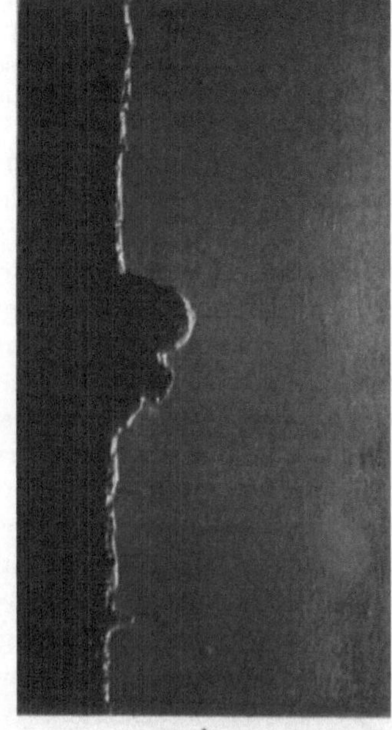

a
b
Abb. 139.
a Fremdkörperdefekt an einer Schaufel aus nichtrostendem
Stahl. b Stelle × der Abb. a (× 6).

sern des Werkstoffes keine Zeit haben, sich
zu verbiegen (Abb. 137 u. 138). Höchstens
befinden sich manchmal an den scharfen
Ecken der Ausbruchstellen kleine Einrisse
(Abb. 139), die zuweilen zu der Vermutung
Anlaß geben, daß sie zuerst durch Mürbe-
werden des Werkstoffes, wie bei 25 proz.
Nickelstahl, entstanden seien und die Aus-
brüche im Gefolge hatten. Bei genauerer
Untersuchung stellt sich aber heraus, daß es
sich um durchaus gesunde Gefüge handelt
und die Rißbildungen nur auf mechanische
Beanspruchung beim Aufschlagen der
Fremdkörper verursacht sein können.

Abb. 140. Versuch über die Auf-
schlagwirkung von Fremdkörpern
auf Turbinenschaufeln.

Die Maschinenfabrik Oerlikon stellte systematisch Versuche an, um die Wirkung des Auf-
schlages von Fremdkörpern auf die Schaufeln
zu ergründen. Wie Abb. 140 zeigt, wurden Schaufeln durch angehängte Ge-
wichte auf — im mittleren Querschnitt — normale Betriebszugbeanspruchung

gebracht. Hierauf wurden aus einer Handfeuerwaffe Schüsse auf die Schaufeln abgegeben. Die Geschoßenergie betrug 37,5 mkg. Die Geschosse durchschlugen die Schaufeln an den schwächeren Wandstärken glatt. Die für das Durchstoßen notwendige Kraft des Geschosses bestimmt sich, die Lochränder auf Abscheren gerechnet, mit etwa 3025 kg. Die Ränder der Durchschlagslöcher waren glatt ohne Anrisse oder Brüche oder sonstige Beschädigungen. Dies ist ohne Zweifel durch die runde Form und symmetrische Durchschlagswirkung der Geschosse zu erklären.

Bei den Fremdkörpern in der Turbine handelt es sich um unregelmäßige Formen und ebensolche Aufschläge, weshalb die Bruchflächen meist zackig verlaufen und Anrisse bekommen, die allerdings oft nur unter dem Mikroskop deutlich erkennbar sind.

Sind die Fremdkörper so groß, daß sie eine ganze Schaufel umreißen, wird natürlich die Beschauflung der nächsten Reihen in Mitleidenschaft gezogen. Es ist meistens nicht möglich, aus dem entstandenen Gewirr den Fremdkörper wieder herauszufinden, zumal er auch durch die sich nach dem Niederdruck zu erweiternden Öffnungen einen Ausweg zum Kondensator gefunden haben kann. Dies hat dann Unklarheit über die Ursache des Schadens zur Folge. Schäden dieser Art ließen manchmal ganze Bände von Streitakten entstehen.

Daß häufig Teile vom Guß der Düsen abbröckeln und als Fremdkörper wirken, zeigen folgende Auszüge aus zwei Berichten über Schaufelschäden:

I. Bei der Revision einer über 10 Jahre in Betrieb gewesenen Turbine zeigte sich, daß das Deckband an zwei Stellen gelockert war, ferner hatten sich zwei Stücke von etwa 15 mm Durchmesser aus dem Deckband abgelöst und waren durch die dahinterliegenden Stufen vom Dampf hindurchgerissen worden. Der an den Schaufeln angerichtete Schaden war nicht beträchtlich.

Der Leitapparat zeigte an der Außen- und Innenwand unzählige poröse Stellen, in die man zum Teil mit einem spitzen Werkzeug weit hineingelangen konnte, ferner Vertiefungen und blasige Erhöhungen. Durch gewaltsame Zertrümmerung des Leitkörpers stellte sich heraus, daß die Kernstützen nicht mit dem Guß verschweißt waren. In die Vertiefungen war Dampf eingetreten und hatte durch Wärme und Feuchtigkeit den Guß stark korrodiert und zermürbt, so daß sich im Betriebe schließlich Teile ablösen konnten.

II. Bei termingemäßem Aufdecken einer 10000 kW-Turbine zeigten sich die Schaufeln der beiden ersten Räder stark beschädigt. Die Ursache hierzu war der Guß des Düsensegments, dessen Leitkanäle bis zur Hälfte ihrer Stärke abgebröckelt waren.

Bei der Prüfung von Schaufelschäden läßt sich volle Aufklärung natürlich am besten durch genaue Besichtigung an Ort und Stelle, objektive Prüfung aller Nebenumstände und gewissenhafte Materialuntersuchung schaffen. Hierbei ist dann neben der Kenntnis der Konstruktion und Betriebsverhältnisse diejenige Vertrautheit mit den Werkstoffen unerläßlich, die durch jahrelange Erfahrung mit der mechanischen und thermischen Behandlung bei der Verarbeitung und ständige Materialprüfung ermöglicht wird. Nachstehend werden eine Reihe der bei der Prüfung eine Rolle spielenden Momente aufgeführt

a) Widerstandsfähigkeit des Querschnitts in der gewählten Profilform.

b) Metallische Güte des Werkstoffs; Reinheit, Festigkeitswerte, Gefügegleichmäßigkeit; Korrosions- und Erosionswiderstandsfähigkeit.

c) Art der Warmverarbeitung, Temperatur, Bildung von Grat.

d) Art und Grad der Kaltbearbeitung durch Ziehen, Walzen, Fräsen, Schleifen Polieren; Bearbeitungsrichtung längs oder quer; Einfluß zurückgebliebener Riefen.

e) Art der Behandlung der Schaufeln zwecks „Vergütung", Härten und Anlassen oder Kaltbearbeiten und Anlassen oder Warmwalzen und Anlassen; Härtetemperatur.

f) Größe der elastischen Spannungen.

g) Veränderung der Werkstoffeigenschaften durch die Betriebstemperatur.

h) Einfluß der im Dampf enthaltenen Säure oder Lauge auf den betreffenden Werkstoff in seinem besonderen Zustand.

i) Ausbildung der Kanten der Schaufeln, ihr Einfluß auf Entstehen von Brüchen.

k) Veränderung der Schaufelform beim Richten und Überstecken der Deckbänder.

l) Grad der Vernietung.

m) Steifigkeit der einzelnen Schaufel und der ganzen Reihe.

n) Veränderung der Festigkeitswerte durch Anlöten der Bindedrähte.

Aus diesen wenigen Angaben über die Möglichkeiten der sich teils ergänzenden, teils entgegenwirkenden Ursachen von Störungen geht hervor, daß der Fragenbereich ziemlich groß ist. Manchmal lassen sich noch aus der Ähnlichkeit mit Schadensfällen, deren Ursache erst durch die später gemachten Erfahrungen geklärt ist, wertvolle Schlüsse ziehen. Auf jeden Fall sollte nichts versäumt werden, alles restlos aufzuklären, da dies eine der ersten Bedingungen für den Fortschritt ist.

VIII. Werkstoffwahl und Verarbeitung des Schaufelmaterials im Auslande.

In England wurde noch vor wenigen Jahren neben 5proz. Nickelstahl einfacher Flußstahl für Schaufeln verwendet. Wie auf dem Kontinent hat dort mit der Fertigkeit, die Sonderheiten des rostfreien Stahls zu überwinden und ihn durch entsprechende Behandlung auf gleichmäßige, hohe Mindestfestigkeitswerte zu bringen, seine Anwendung erheblich zugenommen. Es wurde oben bereits erwähnt, daß es bei rostfreien Stählen mit wenig C-Gehalt nicht erforderlich ist, die Schaufeln in Fertigform zu härten, um dem Werkstoff die nichtrostende Eigenschaft zu verleihen. Dadurch wird die Gefahr der Überhitzung, der Verzunderung der Kanten und ein Werfen und Krummwerden der Schaufeln vermieden, die Bearbeitung wird erleichtert und die

Herstellung verbilligt. Dieses alles dürfte auch im Auslande dazu beigetragen haben, die Vorliebe für rostfreien Stahl zu steigern.

Hochdruckschaufeln, die früher nur aus dem Vollen gefräst wurden, werden neuerdings auch durch Vorschmieden und Auswalzen der einzelnen Stücke angefertigt.

Die Verwendung von Monelmetall, dessen Widerstand gegen Korrosion an erster Stelle steht, ist im Zunehmen begriffen. Normale Anwendung findet Messing 70/30 in gezogenen Profilstäben, bevorzugt werden ferner Nichteisenlegierungen, wie Phosphorbronze und Mangankupfer, deren Anwendung den chemischen Beimengungen des Dampfes auf den Schiffen und in Küstenstädten Rechnung trägt.

Besonderes Interesse bietet dem Fachmann die Werkstoffwahl und -verarbeitung in Amerika, dessen Turbinenbau in unaufhörlich fortschreitender Entwicklung ist. Über das in Amerika verwendete Dampfturbinenschaufelmaterial liegt eine Reihe Berichte vor. Diese verdanken wir der beispiellosen Offenheit amerikanischer Turbinenfabrikanten. Die in dem Buche von Kraft, „Amerikas Dampfturbinenbau", enthaltenen, sehr eingehenden Mitteilungen verdienen hervorgehoben zu werden. Kraft betont, wie in Amerika die Forderung nach unbedingter Zuverlässigkeit alle Entscheidungen so beherrscht, daß hiergegen Preisfragen und Wirtschaftlichkeitsinteressen zurückgestellt werden. Die dort verwendeten Werkstoffe sind zum großen Teil die gleichen wie in anderen Ländern. Neben Messing wird erklärlicherweise sehr viel Monel verarbeitet, dessen Vorzüge gegenüber Nickelstahl besonders in den Jahren 1914—1918 erkannt und ausgewertet wurden. Über den in Amerika häufig verwendeten Vanadinstahl s. S. 67. Die Herstellung der Schaufeln erfolgt vielfach durch Warmschmieden und Pressen im Gesenk. Infolgedessen konnte rostfreier Stahl erst vor wenigen Jahren dem Monelmetall den Rang streitig machen, als es gelang, diesen Stahl so auszuschmieden, daß Form und Festigkeitswerte den Anforderungen genügen.

Die auffallende Fertigkeit der amerikanischen Werkstätten in der Herstellung nahezu auf Fertigmaß geschmiedeter Schaufeln erstreckt sich auch auf andere Stähle, wie 3—5 proz. Nickelstahl, Nickelvanadinstahl und einfachen C-Stahl, der im Turbinenbau sogar sehr häufig verwendet wird, ähnlich wie im Automobilbau. Es ist bekannt, daß auf beiden Verwendungsgebieten durch Vergüten der Teile aus einfachem weichen C-Stahl eine wesentliche Steigerung der Qualitätswerte erzielt wird. Aus keinem der Berichte geht jedoch einwandfrei hervor, daß die Zähigkeit und Lebensdauer derjenigen unserer vergüteten Chromnickelstähle vollständig erreicht wird, und ob die Verwendung dieses C-Stahls vollauf der erwähnten Betonung unbedingter Zuverlässigkeit entspricht.

Der amerikanische Schaufelbau, auf größere Stückzahl eingestellt, besitzt in der Herstellung der warm geschmiedeten und vergüteten Schaufeln, bei denen für Einbau nur noch ein Nachschleifen und Befräsen der Kanten und Füße erforderlich ist, ein Mittel, das die Kosten einer Beschauflung verbilligt. Ob es aber empfehlenswert ist, diese Herstellung bei uns im gleichen Ausmaße anzuwenden, ist fraglich. Wenn auch hohe Stückzahlen diese Anfertigungsart begünstigen, müßten doch auf alle Fälle die Methoden so weit ausgebildet sein, daß wirklich keine Fehlstücke oder auch nur Fehlstellen möglich sind, weder bei dem wiederholten Schmieden, noch beim Härten und Anlassen. Auf die Vervollkommnung hierin wird auch in Amerika großer Wert gelegt. Eine vor wenigen Jahren veröffentlichte amerikanische Beschreibung erklärte, wie die Schaufeln im Verlauf der Herstellung häufigen Untersuchungen unterworfen werden, und daß dadurch, sowie durch die Vervollkommnung der Einrichtungen erst damals nach jahrelangem Streben ein einigermaßen stabiler Zustand und gleichzeitig ein vollkommenes Fabrikat erzielt wurde. Jeder Betriebsmann weiß, wie bei der Härterei von Werkzeugstahl- oder Schnelldrehstahlteilen trotz bester Einrichtungen und großer Gewissenhaftigkeit Ausfälle vorkommen, die sogar manchmal erst bei der Erprobung erkannt werden. Man wird daher zugeben müssen, daß das Vergüten sehr kräftiger Stücke oder Stangen in Vierkant- oder Profilquerschnitten und nachheriges bloßes Ausfräsen oder die Anfertigung der Schaufelformen im Ziehverfahren eine Reihe Gefahrenquellen weniger in sich schließt.

Die Erlangung von zweifelfrei brauchbaren Stücken von geschmiedeten und nachfolgend thermisch behandelten Schaufeln ist wesentlich abhängig von der Handlichkeit und schnellen Bedienung der Prüfeinrichtungen; deren Vervollkommnung hat man daher in Amerika in den letzten Jahren erhöhte Aufmerksamkeit gewidmet. Nach den neuesten Mitteilungen hat die Durchbildung der Prüfeinrichtungen drüben einen beachtenswert hohen Stand erreicht.

In Frankreich gelten als Normalwerkstoffe die gleichen wie in Deutschland: Messing, Nickelstahl, Monelmetall und rostfreier Stahl. Seit 1920 gewinnt die in Frankreich hergestellte Nickelchromlegierung ATV (s. S. 71) immer mehr an Boden, und im Schiffsturbinenbau wird sie seit einiger Zeit dem rostfreien Stahl der VM-Gruppe vorgezogen. Auch in Italien ist man infolge der guten Erfahrungen Frankreichs zur Anwendung von ATV in größerem Maßstabe übergegangen.

IX. Prüfung der Festigkeitseigenschaften und Abnahme des Schaufelmaterials.

1. Chemische Prüfung

ist vor allem im Stahlwerk oder Metallschmelz- und Walzwerk, die den Rohstoff herstellen und das Produkt in Form von gewalzten Flach- oder Profilstangen zum Ausfräsen der Schaufeln liefern, notwendig. Die von diesen Werken ausgestellten Prüfungszeugnisse geben der Turbinenfabrikation Aufschluß über die hauptsächlichsten Legierungsbestandteile und die Festigkeitseigenschaften im Anlieferungszustande. Bei der großen Gewissenhaftigkeit in der Anfertigung und Behandlung der Werkstoffe in den Rohstoffwerken ist anzunehmen, daß Fehlchargen nicht durchschlüpfen, und die in der Turbinenfabrik angestellten Analysen Gehalte ergeben, die mit der Vorschrift übereinstimmen. Immerhin hat die chemische Nachprüfung doch den Wert, die Gleichmäßigkeit der Sendung festzustellen und etwaige Verwechslungen bei der Spedition oder im Lager aufzudecken. Von Fall zu Fall dürfte sich sogar eine Ausdehnung dieser Untersuchung auf ganz eingehende Vollanalysen und Schliffe unter Einschluß von Glüh- und Vergütproben zweckmäßig erweisen.

Diese sind als sehr wertvolle Beiträge zur Weiterentwicklung der Metallkunde anzusehen. Sie vertiefen die Kenntnis des verschiedenen Verhaltens der Werkstoffe bei der Bearbeitung und führen damit zur richtigsten Arbeitsmethode.

Das gleiche wie für die Turbinenfabrik gilt für das Walz- und Ziehwerk, das den Rohstoff in Form von Blöcken oder Knüppeln vom Stahl- oder Metallwerk bezieht und ihn zu gewalzten oder gezogenen Profilstäben verarbeitet. Zu den Aufgaben der chemischen Prüfung gehört hier auch die Feststellung, ob die Rohstoffe frei von Lunkern und Seigerungen sind. Erwähnt sei auch die während und nach der Herstellung von Profilstäben gleicher oder ähnlicher Querschnitte in verschiedenen, äußerlich nicht unterscheidbaren Werkstoffen, wie Nickelstahl, Monel, rostfreiem Stahl, stattfindende einfache chemische Überprüfung aller einzelnen Stangen durch Benetzen mittels einer auf die verschiedenen Werkstoffe verschieden einwirkenden Säure.

2. Physikalische Prüfung.

Um sich davon zu überzeugen, daß das gelieferte Schaufelmaterial den Bestellvorschriften entspricht, werden in der Turbinenfabrik nach erfolgter Besichtigung auf Aussehen, Form im allgemeinen und Lehrenhaltigkeit von Stapeln in gewissem Umfange, die je nach Werkstoffart zwischen 100 und 1000 kg liegen, Proben entnommen und verschiedenen Prüfungen unterworfen. Bei dieser Nachprüfung handelt es sich nicht darum, langwierige Untersuchungen der betreffenden Werkstoffqualität überhaupt anzustellen, sondern die Güte und Gleichmäßigkeit der physikalischen Werte des gelieferten Postens und deren Übereinstimmung mit den Bestelldaten zu erproben.

Die Untersuchung besteht vor allem in einer Zerreißprüfung, bei welcher die Streckgrenze durch Beobachtung am Zeiger und Abmessung am Diagramm so genau wie möglich festzustellen ist, in Zweifelsfällen mittels Feinmeßwerkzeugen, wie Spiegelapparat.

Wenn die Prüfung im vollen Profil vorgenommen wird, ermittelt man den Querschnitt nach erfolgter Wägung durch Errechnung, bei sich wiederholenden Profilformen an Hand einer Tabelle, wobei zur Sicherheit noch die lehrenhaltige Form durch Nachmessen der größten Dicke der Profile mittels Mikrometer festgestellt wird. Stärkere Profile und Vierkantstäbe werden zu Rundproben abgedreht oder flach abgefräst. Aufschluß über die Gleichmäßigkeit von Kern und Spitzen ergibt der Vergleich von Prüfungen im vollen Profil mit solchen nach Entfernung der Spitzen durch Fräsen oder Hobeln. Instruktiv ist auch in gewissen Fällen die Prüfung des Kerns und der Spitzen für sich und der Vergleich mit den Werten des Gesamtquerschnitts, besonders bei Schaufelstäben, die im Ziehverfahren hergestellt sind.

Zum Einspannen von Profilen in die Zerreißmaschine sollten stets profilierte Einspannbacken verwendet werden. Denn das Breitschlagen der Profile an den Enden zwecks Einspannung in flache Backen gibt Anlaß zu Fehlschlüssen.

Die genaue Besichtigung der Bruchstellen und der ganzen Probe gibt oft bereits Aufschluß über etwaige abweichende Resultate. Auch die Art der Einschnürung sollte nicht deshalb ganz unbeachtet bleiben, weil ihre prozentuale Größe bei Profilen nicht meßbar ist. Das geübte Auge eines Prüfbeamten erkennt an der Art der Einschnürung sofort, ob es sich um zähen Werkstoff mit feinem Gefüge und demnach hoher Schwingungsfestigkeit handelt, oder — erkennbar an mangelhafter Einschnürung — um grobkörniges, sprödes Gefüge. Diese Erkennung ist dann wertvoll, wenn die Verschiedenartigkeit in den Festigkeitswerten nicht stark zum Ausdruck kommt (s. S. 47).

Diese Tatsache beweist schon, daß die Werte der für stoßweise Belastung allenfalls genügenden statischen Zugversuche nicht ausreichend sind und es sich empfiehlt, eine weitere Prüfung vorzunehmen und den Werkstoff einer dynamischen Beanspruchung auszusetzen. Zu diesem Zwecke wird der Kerbschlagbiegeversuch angewandt. Ist der Querschnitt der Profil- oder Vierkantstäbe genügend groß, werden aus ihnen Stäbe von 10×10 oder 5×5 mm Vierkant herausgearbeitet, mit gebohrtem Rundkerb versehen und in üblicher Weise geprüft. Hierbei sollen die Proben, welche beim Zerreißversuch gute Dehnungswerte ergaben, auch eine genügende Kerbzähigkeit aufweisen. Noch mehr den in der Turbine herrschenden Bedingungen angepaßt ist die Dauerschlagprobe, bei welcher der Probestab eine sehr große Anzahl leichter Schläge erhält.

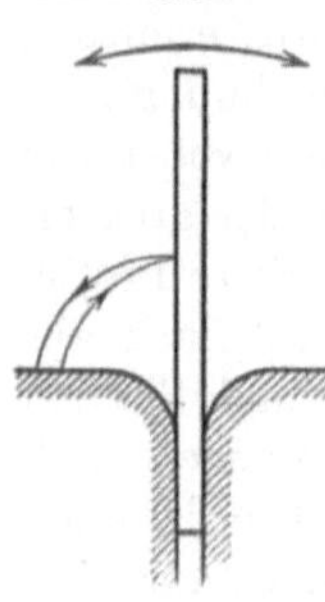

Abb. 141. Abge-
flachter Schaufel-
querschnitt
für Biegeprobe.

Da der Querschnitt der im Ziehverfahren hergestellten Schaufeln oft zu klein ist, als daß man Proben im Querschnitt von 10×10 oder 5×5 mm entnehmen könnte, müssen andere dynamische Prüfungsmethoden angewandt werden. Als sehr brauchbar hat sich die Biegeprobe erwiesen. Wenig gekrümmte Schaufeln werden im vollen Profil, stark gekrümmte, wie fast alle Aktionsschaufeln, nach Entfernung der Spitzen (s. Abb. 141) geprüft. Die dabei verwendeten profilierten Schraubstockeinspannbacken sind oben mit abgerundeten Kanten versehen, deren Radius etwa der 2,5fachen größten Dicke der Schaufel entspricht. Das Hin- und Herbiegen erfolgt meist von Hand nach Aufstecken eines möglichst gut passenden Rohrstückes auf das

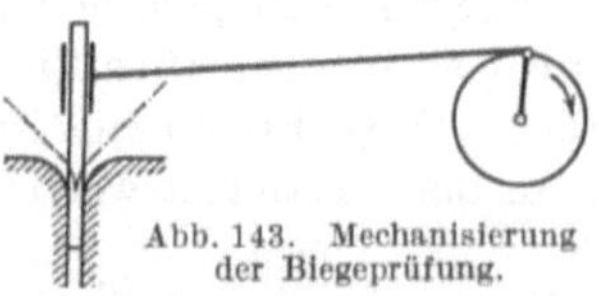

Abb. 142. Biege-
prüfung.

freie Ende der Schaufel. Für eine Biegung von 90^0 und zurück gilt die Biegezahl 1 (Abb. 142). Bei dieser einfachen Prüfung erfolgt eine Gütebeurteilung durch Vergleich mit Proben aus normalem, gutem Werkstoff, die zur Festlegung von Mindestbiegezahlen gedient haben. Es ergeben sich bei nicht zu stark gekrümmten Profilformen bis zum Bruch etwa folgende mittlere Biegezahlen:

Messing 72/28 . . .	10	Monel	8
5proz. Ni-Stahl . .	9	Rostfreier Stahl . .	7

Wenn die Biegebewegung mechanisiert wird, indem das freie Ende (Abb. 143) vermittels eines Kurbeltriebs hin und her schwingt, wird nur eine Biegung von 45^0 nach jeder Seite vorgenommen. Die Mindestbiegezahl ist dann selbstverständlich höher anzusetzen.

Um die Tiefe und den Einfluß von Oberflächenlängsriefen leicht und schnell festzustellen, bedient man sich auch der

Abb. 143. Mechanisierung
der Biegeprüfung.

Verwindeprobe. Hierbei wird ein Ende eines etwa 30 cm langen Schaufelstückes einseitig eingespannt und am freien Ende mittels profilierten Windeisens mehrere Male gedreht (Abb. 144). Ein einwandfreier Werkstoff wird hierbei weder an den Kanten Risse zeigen, noch an seiner Oberfläche Überlappungen und Schiefer zum Vorschein

kommen lassen. Wegen ihrer Einfachheit findet diese Probe auch Anwendung für schnelle Prüfung von Zwischenstückmaterial aus Weicheisen, für das auf Zerreißproben
verzichtet wird.

Die Kugeldruckprüfung
nach Brinell ist für die Werkstätten des Stahlwerks oder des
Zieh- und Walzwerks unerläßlich,
um die Gleichmäßigkeit der Schau-
fellieferungen aus legiertem Stahl,
Monelmetall und harten Bronzen
zu gewährleisten. Die zu drückende
ballige Stelle wird nicht plan ge-
schliffen, sondern nur gesäubert.
Es hat sich als hinreichend genau erwiesen, daß von dem ova-
len Kugeleindruck einer balligen
Fläche das Mittel aus der Längs-
und Querdiagonale als Kalotten-
durchmesser angenommen wird.
Für die Turbinenfabrik kommt die
Probe nur in Betracht, um bei
Ausfällen bei den Zerreißproben

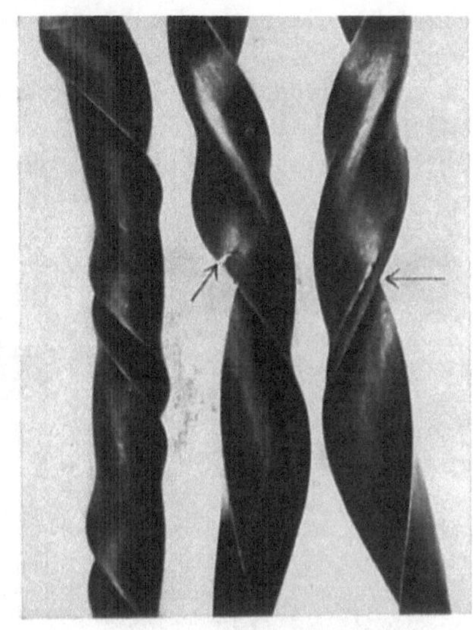

Abb. 144. Verwindeproben.
a Kanten einwandfrei. b u. c Kanten aufgerissen.

schnell einen Überblick über die Werte der gesamten Lieferung zu gewinnen. Sie erübrigt sich ganz in solchen Fällen, wo zwischen Turbinenfabrik und Zieherei vereinbart wurde, daß der letzte seitens der
Zieherei vorgenommene Kugeleindruck gewissermaßen als Beleg der
Prüfung des Einzelstabes und zu evtl. Nach-
prüfung vor dem Versand nicht entfernt wird.

Durch den Kugeleindruck (Abb. 145) wird
ein kleiner Teil des Werkstoffes für die
Verwendung als Schaufel unbrauchbar und
muß beim Fräsen entfernt werden, was die
Kosten um den Materialentfall erhöht. Es
war daher naheliegend, alle sonst vorhandenen Prüfmittel daraufhin durchzugehen, ob

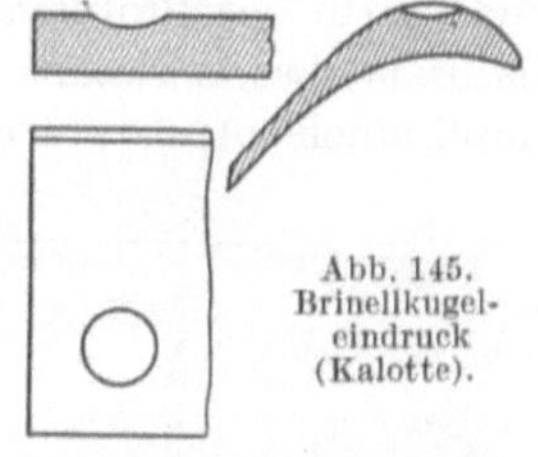

Abb. 145.
Brinellkugel-
eindruck
(Kalotte).

sich diese Verluste vermeiden lassen. Zu diesen Prüfmethoden gehören
die Ritzhärte- und die Sprunghärte- (Skleroskop-) Prüfung. Beide
erwiesen sich aber hauptsächlich deswegen als ungeeignet, weil sie ohne
sorgfältige Vorbereitung der Proben durch Planschleifen der balligen
Schaufelflächen keine genauen Werte geben. Ferner erfordert die Hand-
habung der etwas empfindlichen Apparaturen viel Sorgfalt, so daß sich
ihre Verwendung besser auf das Laboratorium beschränkt.

Dagegen ist der Eindruck beim Rockwell-Härteprüfer sowie beim Hessenmüller-Härteprüfer „Testor" wesentlich kleiner als bei der Brinell-Probe. Vor allem für die Prüfung warm geschmiedeter und gepreßter Schaufeln, die nach der letzten Wärmebehandlung nur noch wenig nachgeschliffen werden und für die deshalb die Brinell-Probe wegen des großen und tiefen Kugeleindrucks nicht anwendbar ist, leisten Härteprüfungen mit Rockwell- und Hessenmüller-Apparat außerordentlich wertvolle Dienste. Sie gestatten die so wichtige Unter-

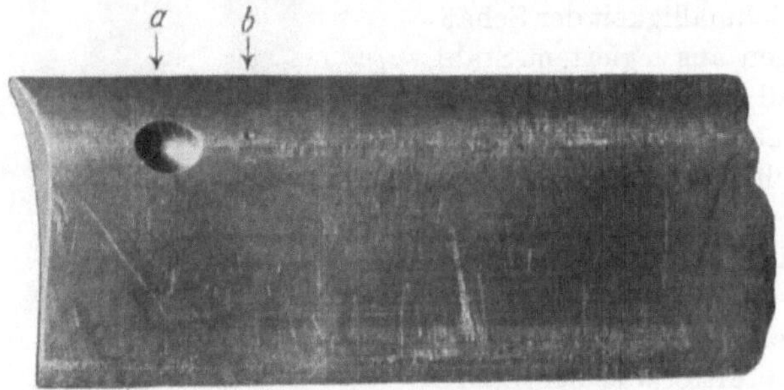

Abb. 146.
a Eindruck bei Prüfung mit Brinell-Presse.
b Desgl. mit Rockwell- oder „Testor"-Prüfer.

suchung der Schaufeln in allen Teilen, ohne daß ein starker Eindruck bleibt, wie Abb. 146 zeigt. Diese Prüfung dürfte sogar für fertiggefräste Schaufeln zulässig sein, natürlich an wenig beanspruchten Stellen, wie am Fuße oder oben am Schaft, wo kleine Druckstellen ohne Belang sind.

Bei sehr dünnen Profilquerschnitten sind diese Prüfungen nicht anwendbar. Hier hat sich eine einfache Federbiegeprüfung, welche die Federhärte des Profilstabes als Maßstab für die Streckgrenze ansieht, als brauchbar erwiesen. Ist sie doch auch das einzige Mittel, um ohne empfindliche Apparate und ohne Materialverluste schnell eine größere

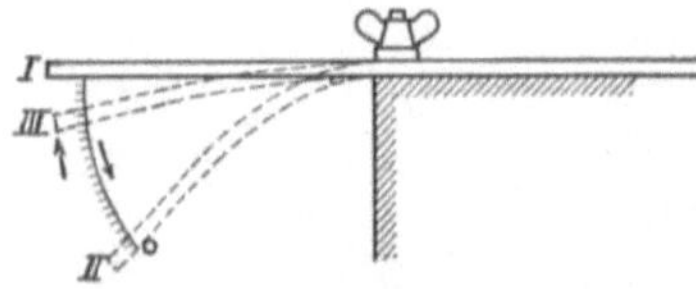

Abb. 147. Biegevorrichtung für dünne
Profilstäbe.

Anzahl Profilstäbe zu untersuchen. Bei dieser Probe wird der Schaufelstab so eingespannt, daß ein ca. 50 cm langes Stück frei heraussteht (s. Abb. 147). Dann wird das freie Ende an einer Skala entlang bis zu einem bestimmten Punkt nach unten gebogen und hierauf wieder losgelassen. Sind vorher durch Zerreißprüfung einer Anzahl gebogener Stäbe diejenigen Punkte der Skala festgelegt, die der höchsten und niedrigsten zulässigen Streckgrenze entsprechen, lassen sich leicht alle Stäbe, die sich nicht innerhalb der vorgesehenen Grenzen befinden, herausfinden.

3. Abnahme von Schaufelmaterial, Abnahmevorschriften.

Der Zweck der Werkstoffabnahme von Turbinenschaufelmaterial auf dem Werke des Lieferanten besteht darin, an Ort und Stelle Sicherheit darüber zu gewinnen, daß etwa ungeeignete Werkstoffe während der Anfertigung und bei der letzten Kontrolle ausgeschieden wurden, daß jeder Zentimeter des Werkstoffs in bezug auf äußere Beschaffenheit, Lehrenhaltigkeit und gute mechanische Güteziffern einwandfrei ist und den vorgeschriebenen technologischen Proben, also kurz den Ansprüchen an einen gesunden Werkstoff, entspricht.

Da die Abnahmebeamten mit der Anfertigung und weiteren Verwendung des Schaufelmaterials natürlich nicht in allen Einzelheiten vertraut sein können, ist es erforderlich, im persönlichen Einvernehmen Klarheit darüber zu schaffen, in welcher Weise die Abnahme gehandhabt werden soll. Um für diese sowie für die Lieferungsbedingungen selbst eine klare Grundlage zu schaffen, sind Richtlinien erlassen worden, die bei der Abnahme zu beachten sind.

Die Vorschriften der Reichsmarine wurden 1915 herausgegeben und beziehen sich nur auf Messing, weil die Anwendung von Stahl für Schaufeln von Schiffsturbinen damals noch nicht üblich war. Die Abnahmevorschriften der Marine werden z. Z. neu bearbeitet und erweitert. Ähnliche Vorschriften wurden vom Germanischen Lloyd für Stahl, Monelmetall und Sondermessinge ergänzt und 1926 als Grundsätze für Prüfung von Turbinenschaufeln neu herausgegeben. Nachstehend werden die Richtlinien der beiden Stellen wiedergegeben.

Materialvorschriften der Deutschen Reichsmarine.

A. Turbinenschaufeln.

I. M a t e r i a l. Messing der Zusammensetzung: mindestens 72 % Cu, Rest Zn, fremde Beimengungen höchstens 0,15 %, darunter höchstens 0,06 % Pb, höchstens 0,05 % Fe. Nur die reinsten und besten Kupfer- und Feinzinkmarken dürfen verwandt werden.

Abfälle der gleichen Fabrikation dürfen zugesetzt werden, sofern die vorstehend geforderte Zusammensetzung dadurch in keiner Weise geändert wird.

II. H e r s t e l l u n g. Die Art der Herstellung der Rohprofile ist freigestellt. Die einzelnen Profilstäbe sind mit dem Marinestempel zu versehen, bei ganz kleinen Profilen ist entsprechend § 15 II (der Marinevorschriften) zu verfahren.

Die Oberfläche muß glatt, wie poliert sein und darf keine Riefen, Strahlen oder Tönungen haben. Es dürfen weder Risse, Schiefer, Vertiefungen noch andere Fehlerstellen vorhanden sein, es darf auch keine Neigung zum Abblättern bestehen.

III. V e r w e n d u n g. Wie in Überschrift angegeben (für Schiffsturbinen).

IV. Proben. a) Profilprüfung. Jeder einzelne Stab ist mittels Profillehre (Negativlehre) zu prüfen. Merklicher Zwischenraum oder Bewegungsfreiheit ist dabei nicht gestattet.

Die Lehren müssen bei der Abnahme zur Stelle sein.

b) Besichtigung. Jeder einzelne Stab ist in seiner ganzen Länge gemäß A II eingehend zu besichtigen.

c) Kaltzerreißprobe. Die Probe ist mit den fertigen Profilstäben vorzunehmen. Die Meßlänge ist nach der Beziehung

$$l = 11{,}3 \cdot \sqrt{\text{Zerreißquerschnitt}}$$

zu bestimmen.

Bruchfestigkeit mindestens 36 kg/mm². Dehnung mindestens 15 %.

d) Hin- und Herbiegeprobe (Zähigkeitsprobe). Die Probestäbe von unverändertem Profil sind an einem Ende einzuspannen und bei einem Krümmungsradius etwa gleich 2,5 mal der größten Schaufeldicke hin und her zu biegen. Diese Biegung erfolgt um einen Winkel von 90° nach einer Richtung, dann in die ursprüngliche Stellung zurück und darauf in derselben Weise nach der entgegengesetzten Richtung so oft, bis der Bruch eintritt.

Die Biegung aus der senkrechten Lage um 90° nach einer Seite und zurück in die senkrechte ist als eine Biegung zu zählen. Der Mittelwert aus der Anzahl der Biegungen ist in das Prüfungsverhandlungsblatt einzutragen. Es ist darauf zu achten, daß beim Biegen der Krümmungsradius innegehalten wird. Auffällig sprödes Material ist zu verwerfen.

e) Verwindeprobe. Ein beliebiges Stück des Stabes ist an dem einen Ende einzuspannen und am anderen Ende zu drehen, damit gegebenenfalls Abblättern, Schichtenbildung bemerkbar wird.

f) Fallprobe gemäß § 45 (der Marinevorschriften).

g) Chemische Analyse gemäß § 63 IV B (der Marinevorschriften).

Zahl der Proben: Die Profile sind in Gruppen möglichst gleicher (gleich dicker) Profile zu teilen und aus ihnen Probestapel im Höchstgewicht von 1000 kg zu bilden. Mit einer Profilstange jedes Stapels sind die Proben unter c und d auszuführen. Bei ungünstigem Ausfall der Erprobung können die Proben noch einmal wiederholt werden.

Die Proben unter e und f kann der Materialprüfungsbeamte in zweifelhaften Fällen nach Belieben vornehmen.

Von je 1000—10000 kg Profilstangen einer Bestellung ist eine chemische Analyse auszuführen. Bei Bestellungen unter 1000 kg ist die chemische Analyse nicht erforderlich.

V. Probelieferung (für Abnahme unwichtig, weshalb die Wiedergabe unterlassen wird. D. Verf.).

B. Füll- oder Zwischenstücke.

I. Material. Messing der Zusammensetzung: mindestens 58 % Cu, Rest Zn, fremde Beimengungen höchstens 2,5 %. Nur gute Kupfer- und Zinkmarken dürfen verwendet werden. Abfälle der gleichen Fabrikation dürfen zugesetzt werden, sofern die Zusammensetzung dadurch unverändert bleibt.

II. Herstellung. Wie unter A. II.

III. Verwendung. Wie in Überschrift angegeben.

IV. Proben. a) Profilprüfung: Wie unter A. IVa.

b) Besichtigung: Wie unter A. IVb.

c) Chemische Analyse gemäß § 63 IV B. Unter 1000 kg einer Bestellung keine Analyse. Von je 1000 bis zu 10000 kg einer Bestellung eine Analyse.

V. Probelieferung (für Abnahme unwichtig. D. Verf.).

C. Deckbänder.

I. Material. a) Messing der Zusammensetzung: mindestens 72 % Cu, Rest Zn, höchstens 0,3 % fremde Beimengungen.

b) Marinemessing II: mindestens 62 % Cu ± 2, Rest Zn, fremde Beimengungen höchstens 1,3 %, darunter höchstens 0,8 % Pb und höchstens 0,5 % Fe. Nur gute Kupfer- und Zinkmarken dürfen verwendet werden. Abfälle der gleichen Fabrikation dürfen zugesetzt werden, sofern die Zusammensetzung dadurch unverändert bleibt.

II. Herstellung. Die Art der Herstellung der Deckbänderstangen ist freigestellt. Die gespritzten Stangen sind am Schlusse der Bearbeitung auf die richtigen Maße nachzuziehen. Die Stangen müssen eine glatte Oberfläche haben und frei von Blasen, schwammigen Stellen, Rissen, Schiefer, Sand, sonstigen Verunreinigungen und Fehlern sein. Neigungen des Materials zu Abblätterungen dürfen nicht bestehen. Um das Einreißen der Kämme zu verhindern, ist für Material unter Ib nach Möglichkeit das Spritz- (Preß-) Verfahren anzuwenden.

III. Verwendung. Wie in Überschrift angegeben.

IV. Proben. a) Kaltzerreißprobe. Die Kaltzerreißprobe ist mit den fertigen Profilstäben im Anlieferungszustande vorzunehmen. Die Meßlänge ist nach der Beziehung

$$l = 11,3 \cdot \sqrt{\text{Zerreißquerschnitt}}$$

zu bestimmen. Bruchfestigkeit mindestens 36 kg/mm², Bruchdehnung mindestens 15 %.

b) Verwindeprobe nach dem Ermessen des Materialprüfungsbeamten. Ein mit viereckigen Nietlöchern versehenes beliebiges Stück des Stabes ist an dem einen Ende einzuspannen und am anderen Ende zu drehen, damit gegebenenfalls Abblättern, Schichtenbildung bemerkbar wird.

Die Teilung der Nietlöcher soll etwa die Hälfte, die Lochbreite in der Längsrichtung des Stabes etwa $^1/_5$ und die Lochhöhe in der Querrichtung etwa $^1/_3$ der Stabbreite betragen.

c) Chemische Analyse gemäß § 63 IV B nur gelegentlich bei größeren Lieferungen nach dem Ermessen des Materialprüfungsbeamten.

Zahl der Proben. Auf jeden Stapel bis zu etwa 500 kg mindestens eine Kaltzerreißprobe. Die Deckbänder unter etwa 20 mm Breite können zu einem Stapel zusammengefaßt werden, ebenso die Deckbänder über 20 mm.

V. Probelieferung (für Abnahme unwichtig. D. Verf.).

Germanischer Lloyd.

Grundsätze für die Prüfung von Schaufeln für Dampfturbinen.

I. Prüfung.

1. Besichtigung. Alle Profilstäbe sind zu besichtigen und mittels Profillehren auf richtige Form zu prüfen. Der Unterschied zwischen Schaufel und Lehre in der Schließrichtung der Lehre (Schaufeldicke) darf nicht mehr als etwa ± 0,1 mm

betragen, sofern die Lehre dem genauen Profil entspricht. In der Breitenrichtung darf die Schaufel bis zu höchstens 3 % schmaler als die Lehre sein. Die Profillehren sind bei der Abnahme durch das Werk bereitzuhalten; falls erforderlich, sind sie dem Werk durch den Besteller zur Verfügung zu stellen.

Die Oberfläche der Stäbe muß glatt und ohne nennenswerte Riefen sein. Auch dürfen sich weder Risse, Lunkerstellen und Schiefer noch andere Fehler vorfinden. Zur besseren Erkennung, ob Neigung zur Schiefer- oder Rißbildung besteht, kann der Besichtiger geeignete Proben (z. B. Verwindeprobe) machen lassen. Geringfügige Oberflächenfehler, die auf mechanische Beschädigung zurückzuführen sind, brauchen nicht zur Verwerfung des Schaufelstabes zu führen, sofern diese Fehler sich nicht an den Schaufelkanten befinden. Auch geringfügige Roststellen an Stahlschaufeln brauchen kein Grund zur Verwerfung zu sein.

2. Chemische Analyse. Diese wird nur auf Antrag des Bestellers und nach dessen Vorschrift ausgeführt. Bei Messing wird empfohlen, von je 1000 kg Schaufelmaterial eine Probe und eine Ersatzprobe für die Analyse zu entnehmen.

3. Zerreißversuch. Es sind im allgemeinen zwei Zerreißproben nebeneinander auszuführen, die an einem unveränderten Profilstab, und eine zweite, bei welcher aus dem Profilstab auf die Zerreißlänge ein flacher oder runder Querschnitt herausgearbeitet worden ist. Bei Profilen mit langen scharfen Spitzen (Aktionsprofilen) ist dem Ergebnis des Zerreißversuches am herausgearbeiteten Probestab das größere Gewicht beizulegen. Bei dünneren Profilen mit geringerer Krümmung (Reaktionsprofilen) kann erforderlichenfalls auf die Zerreißprobe am herausgearbeiteten Probestabe verzichtet werden.

Wenn nicht durch den Besteller höhere Festigkeit, Streckgrenze (bzw. Belastung bei 0,2 % bleibender Dehnung) und Dehnung vorgeschrieben sind, müssen folgende Mindestwerte erreicht werden:

a) Stahl, Monelmetall und Mangannickelbronze:

Probestabform	Bruch-festigkeit kg/mm²	Streck-grenze kg/mm²	Bruch-dehnung % bei $l = 11,3 \times \sqrt{\text{Querschnitt}}$
1. Probestab mit flachem oder rundem Querschnitt, der aus einem Profilstab herausgearbeitet worden ist	55	35	18
2. Unveränderter Profilstab	50	35	12

b) Bei Nickelmessing darf die Festigkeit 5 kg/mm² niedriger sein; Streckgrenze (bzw. Belastung bei 0,2 % bleibender Dehnung) und Bruchdehnung wie bei a.

c) Messing:

Probestabform	Bruch-festigkeit kg/mm²	Bruch-dehnung %
Herausgearbeiteter Probestab	38	18
Unveränderter Profilstab	36	15

Die Streckgrenze ist bei Messing möglichst auch zu messen und anzugeben.

Von jedem Stapel bis zu 500 kg möglichst gleichartigen Schaufelmaterials ist je eine derartige Zerreißprobe zu entnehmen. Genügen diese nicht, so ist von

demselben Stapel ein Satz Kontrollproben zu machen. Eine weitere Ersatzprobe darf nur gemacht werden, wenn eine der vorhergehenden Proben wegen
eines Materialfehlers versagt hat.

4. Hin- und Herbiegeprobe. Aus dem Profilstab ist, sofern das Profil
es zuläßt, ein Flachstab von 5 mm Dicke und möglichst großer Breite heraus-
zuarbeiten und mit einem inneren Biegungsradius von 10 mm kalt um je 90°
abwechselnd nach beiden Seiten hin- und herzubiegen, bis vollständiger Bruch
eintritt. Je einmal hin und her um 90° gilt als eine Biegung. Die Zahl der Biegungen bis zum Bruch muß mindestens fünf betragen.

Bei dünneren Profilstäben sind die scharfen Kanten zu beseitigen, und es ist
mit dem beschnittenen Profilstab die Hin- und Herbiegeprobe auszuführen.
Hierbei muß ebenfalls eine Biegezahl von fünf erreicht werden. Ist die Festigkeit
des Schaufelmaterials erheblich höher als in Abs. 3 angegeben und hat sich der
Besteller mit dieser höheren Festigkeit einverstanden erklärt oder ist sie von ihm
vorgeschrieben, so gilt die Hin- und Herbiegeprobe als bestanden, wenn mindestens
vier Biegungen bis zum Bruch erreicht werden.

Entnahme der Proben wie bei der Zerreißprobe.

II. Allgemeines.

Das gesamte Schaufelmaterial wird zurückgewiesen, wenn mehr als 5 % der
Stangen infolge von Materialfehlern oder mehr als 10 % infolge von Material-
fehlern und wegen Nichteinhaltung des Profils bei der Besichtigung ausgeschieden
werden mußten. Ein Stapel wird verworfen, wenn bei der Analyse zwei von diesem
Stapel, z. B. 1000 kg, entnommene Proben versagen oder wenn eine der von einem
Stapel, z. B. 500 kg, entnommenen mechanischen Proben einschließlich zweier
Ersatzproben versagt hat.

Dem Ermessen des Prüfungsbeamten ist es anheimgestellt, vorstehende Bedingungen je nach Lage der Verhältnisse einzuschränken oder auszudehnen.

Jede für gut befundene Profilstange wird mit dem Stempel ⚓ versehen.
Diejenigen Stangen, denen Probestäbe entnommen wurden, werden außerdem mit
dem Stempel 𝒢𝓛 und durch Schlagstempel mit der Probenummer versehen.

Der Besichtiger darf jede zurückgewiesene Stange durch ein Stempelzeichen
oder auf andere Weise kenntlich machen.

Unbeschadet der Prüfung nach vorstehenden Grundsätzen kann das Material
später noch zum Teil oder ganz verworfen werden, wenn es sich nachträglich als
mangelhaft erweist.

Anmerkung. Zwischenstückmaterial wird nur auf Antrag nach dafür ver-
einbarten Bedingungen geprüft.

X. Schaufelwerkstoffprobleme.

In den vorstehenden Abschnitten ist die Werkstofffrage bis zu der Grenze behandelt, die der Verarbeitung und Verwendung der einzelnen Werkstoffe durch die bis jetzt vorliegenden Versuchsergebnisse und Erfahrungen gesetzt ist. Daß sich diese Grenze dauernd erweitert und die Entwicklung der Dampfturbine und ihre Betriebssicherheit ständig zunimmt, liegt im Bestreben der Turbinenbauer, die ihrerseits fortwährende Anregungen von den Turbinenbetrieben mit ihren immer steigenden Ansprüchen empfangen. Als Fortschritt wäre es zu begrüßen, wenn heute die Schaufelwerkstoffuntersuchungen systematischer als bisher angestellt würden. Denn wozu die viele Doppelarbeit in der Feststellung, welche Schaufelwerkstoffe und welche Bearbeitungsverfahren für bestimmte Betriebsbedingungen am geeignetsten und betriebssichersten sind? Je mehr und je schneller die Ergebnisse aller Forschungen auf unserem Gebiete der Allgemeinheit zugeführt werden, um so eher wird überall noch empfundene Unsicherheit beseitigt werden.

Einige Anregungen, die schon in verschiedenen Abschnitten dieses Buches gestreift wurden, seien hier der Vollständigkeit wegen nochmals zusammengestellt:

1. Vereinheitlichung der Profilbezeichnungen, s. S. 6.

2. Festlegung einheitlicher Anwärm- und Zerreißdauer für Warmzerreißproben, z. B. 2 Stunden auf Zerreißtemperatur lassen, dann 15 Minuten Zerreißdauer, s. S. 3.

3. Vereinheitlichung der Meßlängen. Bisher war $l = 10 \cdot d$ bzw. $11,3 \cdot \sqrt{\text{Querschnitt}}$ in Deutschland üblich. Neuerdings dagegen treten die Stahlwerke mehr für den sog. „Kurzstab" mit der Meßlänge $5 \cdot d$ bzw. $5,65 \cdot \sqrt{\text{Querschnitt}}$ ein, weil im Auslande meist kürzere Meßlängen als $10 \cdot d$ gebräuchlich sind (in Italien sogar bei 20 mm Durchmesser nur 50 mm), s. S. 2.

4. Aufstellung einer genauen Reihenfolge der Werkstoffe in bezug auf ihren Widerstand gegen Erosion bei gleichzeitigen mehr oder weniger starken Korrosionseinflüssen und unter Berücksichtigung der verschiedenen mechanischen Herstellungsverfahren der Schaufeln und ihrer verschiedenen thermischen Behandlung, s. S. 26.

5. Warmzerreißprüfung von langer und kurzer Dauer und Ermittlung der Werte unter einheitlichen Versuchsbedingungen von allen in Betracht kommenden Werkstoffen bei allen in Frage kommenden Zu-

ständen, wie warm gewalzt und geglüht oder vergütet oder gezogen und zwischengeglüht, s. S. 24.

6. Ermittlung der Elastizitätsgrenze mittels Feinmeßdiagrammen unter gleichen Verhältnissen und Bedingungen wie unter 5, s. S. 15.

7. Ermittlung der Schwingungsfestigkeiten unter gleichen Verhältnissen und Bedingungen. Ermittlung der Lebensdauer einer Schaufel

a) bei Schwingungsbeanspruchung bis zur Schwingungsfestigkeit,
b) „ „ „ „ Elastizitätsgrenze,
c) „ „ „ „ Streckgrenze,
d) „ „ über die Streckgrenze, s. S. 19.

8. Feststellung des Unterschieds thermischer Vergütung von Stahlschaufeln gegenüber Kaltbearbeiten und Anlassen in bezug auf Zähigkeit und Schwingungsfestigkeit, s. S. 14.

Anhang.

Vergleichstabellen für ausländische und deutsche Wertebezeichnungen.

Zahlentafel 9. Beziehungen zwischen der Brinellhärte, Zugfestigkeit, Skleroskop- und Rockwellhärte von Stahl.

Kugeleindruck-durchmesser (Kalotte) mm	Brinellhärte (3000 kg 10 mm Kugeldurchm.) H	Zugfestigkeit kg/mm²	Skleroskop-härte ° Shore	Rockwellskalen	Kugeleindruck-durchmesser (Kalotte) mm	Brinellhärte (3000 kg 10 mm Kugeldurchm.) H	Zugfestigkeit kg/mm²	Skleroskop-härte ° Shore	Rockwellskalen
				mit Diam.					mit Kugel
2,7	514	182	73,5	53	4,2	207	75	29,5	95
2,8	477	167	68,5	50	4,3	197	71	28	93
2,9	444	157	64	47	4,4	187	67,5	27	91
3,0	415	147	59,5	44	4,5	179	64,7	25,5	89
3,1	388	138	55,5	42	4,6	170	61,5	24,5	86
3,2	363	129	52	40	4,7	163	59,1	23,5	85
3,3	341	121	49	37	4,8	156	56,6	22,5	82
3,4	321	114	46	35	4,9	149	54,2	21	79
3,5	302	108	43	33	5,0	143	52,1	20,5	78
3,6	285	102	40,5	31	5,1	137	50	19,5	76
3,7	269	96	38,5	29	5,2	131	47,9	18,5	72
3,8	255	91	36,5	27	5,3	126	46,1	18	71
					5,4	121	44,4	17,5	68
				mit Kugel	5,5	116	42,6	16,5	66
3,9	241	86	34,5	100	5,6	111	40,9	16	63
4,0	229	82	32,5	98	5,7	107	39,5	15,5	61
4,1	217	78	31	97	5,8	103	38,1	14,5	57

Erklärlicherweise zeigen die Ergebnisse von Zerreißproben gegenüber den durch Kugeleindruck ermittelten Zugfestigkeiten gewisse Streuungen voneinander, die je nach der Profilform größer oder geringer sind. Bei kleinen, vollen Querschnitten sind die Abweichungen am geringsten. Durch viele Zerreißproben von Schaufelstangen aus Nickelstahl und nichtrostendem Stahl, welche vorher durch Kugeldruck geprüft waren, wurde festgestellt, daß die Abweichungen der durch beide Prüfarten ermittelten Festigkeitswerte voneinander etwa 3—5 kg/mm² nach unten und oben ausmachen.

Zahlentafel 10. Für Längenmaß. Englische Zoll in Millimeter:
1 engl. Zoll = 25,3995 mm. 1 engl. Fuß = 12 engl. Zoll = 305 mm.

Zoll	mm	Zoll	mm	Zoll	mm	Zoll	mm	Zoll	mm
$^{1}/_{32}$	0,794	$^{21}/_{32}$	16,67	$1\,^{1}/_{4}$	31,75	$1\,^{27}/_{32}$	46,83	$2\,^{7}/_{8}$	73,02
$^{1}/_{16}$	1,588	$^{11}/_{16}$	17,46	$1\,^{9}/_{32}$	32,54	$1\,^{7}/_{8}$	47,62	$2\,^{15}/_{16}$	74,61
$^{3}/_{32}$	2,38	$^{23}/_{32}$	18,26	$1\,^{5}/_{16}$	33,34	$1\,^{29}/_{32}$	48,42	3	76,20
$^{1}/_{8}$	3,18	$^{3}/_{4}$	19,05	$1\,^{11}/_{32}$	34,13	$1\,^{15}/_{16}$	49,21	$3\,^{1}/_{8}$	79,38
$^{5}/_{32}$	3,97	$^{25}/_{32}$	19,84	$1\,^{3}/_{8}$	34,92	$1\,^{31}/_{32}$	50,—	$3\,^{1}/_{4}$	82,55
$^{3}/_{16}$	4,76	$^{13}/_{16}$	20,64	$1\,^{13}/_{32}$	35,72	2	50,80	$3\,^{3}/_{8}$	85,73
$^{7}/_{32}$	5,56	$^{27}/_{32}$	21,43	$1\,^{7}/_{16}$	36,51	$2\,^{1}/_{16}$	52,39	$3\,^{1}/_{2}$	88,90
$^{1}/_{4}$	6,35	$^{7}/_{8}$	22,22	$1\,^{15}/_{32}$	37,30	$2\,^{1}/_{8}$	53,97	$3\,^{5}/_{8}$	92,08
$^{9}/_{32}$	7,14	$^{29}/_{32}$	23,02	$1\,^{1}/_{2}$	38,10	$2\,^{3}/_{16}$	55,56	$3\,^{3}/_{4}$	95,25
$^{5}/_{16}$	7,94	$^{15}/_{16}$	23,81	$1\,^{17}/_{32}$	38,89	$2\,^{1}/_{4}$	57,15	$3\,^{7}/_{8}$	98,43
$^{11}/_{32}$	8,73	$^{31}/_{32}$	24,61	$1\,^{9}/_{16}$	39,69	$2\,^{5}/_{16}$	58,74	4	101,60
$^{3}/_{8}$	9,53	1	25,40	$1\,^{19}/_{32}$	40,48	$2\,^{3}/_{8}$	60,32	$4\,^{1}/_{4}$	107,95
$^{13}/_{32}$	10,32	$1\,^{1}/_{32}$	26,19	$1\,^{5}/_{8}$	41,27	$2\,^{7}/_{16}$	61,91	$4\,^{1}/_{2}$	114,30
$^{7}/_{16}$	11,11	$1\,^{1}/_{16}$	26,99	$1\,^{21}/_{32}$	42,07	$2\,^{1}/_{2}$	63,50	$4\,^{3}/_{4}$	120,65
$^{15}/_{32}$	11,91	$1\,^{3}/_{32}$	27,78	$1\,^{11}/_{16}$	42,86	$2\,^{9}/_{16}$	65,09	5	127,—
$^{1}/_{2}$	12,70	$1\,^{1}/_{8}$	28,57	$1\,^{23}/_{32}$	43,65	$2\,^{5}/_{8}$	66,67	$5\,^{1}/_{2}$	139,70
$^{17}/_{32}$	13,49	$1\,^{5}/_{32}$	29,37	$1\,^{3}/_{4}$	44,45	$2\,^{11}/_{16}$	68,26	6	152,40
$^{9}/_{16}$	14,29	$1\,^{3}/_{16}$	30,16	$1\,^{25}/_{32}$	45,24	$2\,^{3}/_{4}$	69,85	$6\,^{1}/_{2}$	165,10
$^{19}/_{32}$	15,08	$1\,^{7}/_{32}$	30,95	$1\,^{13}/_{16}$	46,04	$2\,^{13}/_{16}$	71,44	7	177,80
$^{5}/_{8}$	15,87								

Zahlentafel 11. Für Festigkeitswerte.
Tons je Quadratzoll engl., in Kilogramm je Quadratmillimeter.
1 t = 1016,05 kg, 1 $\square''$ = 645,14 mm², 1 t/$\square''$ = 1,575 kg/mm²

$$\left(\frac{t/\square''}{1,575} \text{ ergibt } kg/mm^2\right).$$

t/$\square''$	kg/mm²	t/$\square''$	kg/mm²	t/$\square''$	kg/mm²	t/$\square''$	kg/mm²	t/$\square''$	kg/mm²
1	1,58	27	42,5	53	83,5	79	124,4	105	165,4
2	3,15	28	44,1	54	85,1	80	126,0	106	166,9
3	4,73	29	45,7	55	86,6	81	127,6	107	168,5
4	6,30	30	47,3	56	88,2	82	129,1	108	170,1
5	7,88	31	48,8	57	89,8	83	130,7	109	171,7
6	9,45	32	50,4	58	91,4	84	132,3	110	173,3
7	11,0	33	52,0	59	93,0	85	133,9	111	174,8
8	12,6	34	53,6	60	94,5	86	135,4	112	176,4
9	14,2	35	55,1	61	96,1	87	137,0	113	178,0
10	15,8	36	56,7	62	97,7	88	138,6	114	179,6
11	17,3	37	58,3	63	99,2	89	140,2	115	181,1
12	18,9	38	59,9	64	100,8	90	141,8	116	182,7
13	20,5	39	61,4	65	102,4	91	143,3	117	184,3
14	22,1	40	63,0	66	104,0	92	144,9	118	185,9
15	23,6	41	64,6	67	105,5	93	146,5	119	187,4
16	25,2	42	66,2	68	107,1	94	148,1	120	189,0
17	26,8	43	67,7	69	108,7	95	149,6	121	190,6
18	28,4	44	69,3	70	110,3	96	151,2	122	192,2
19	29,9	45	70,9	71	111,8	97	152,8	123	193,7
20	31,5	46	72,5	72	113,4	98	154,4	124	195,3
21	33,1	47	74,0	73	115,0	99	155,9	125	196,9
22	34,7	48	75,6	74	116,6	100	157,5	126	198,5
23	36,2	49	77,2	75	118,1	101	159,1	127	200,1
24	37,8	50	78,8	76	119,7	102	160,7	128	201,6
25	39,4	51	80,3	77	121,3	103	162,2	129	203,2
26	41,0	52	81,9	78	122,9	104	163,8	130	204,8

Zahlentafel 12.
Für Temperatur. Wärmegrade nach Celsius und Fahrenheit.

C	F	C	F	C	F	C	F	C	F	C	F
0	32	155	311	305	581	455	851	710	1310	1010	1850
10	50	160	320	310	590	460	860	720	1328	1020	1868
15	59	165	329	315	599	465	869	730	1346	1030	1886
20	68	170	338	320	608	470	878	740	1364	1040	1904
25	77	175	347	325	617	475	887	750	1382	1050	1922
30	86	180	356	330	626	480	896	760	1400	1060	1940
35	95	185	365	335	635	485	905	770	1418	1070	1958
40	104	190	374	340	644	490	914	780	1436	1080	1976
45	113	195	383	345	653	495	923	790	1454	1090	1994
50	122	200	392	350	662	500	932	800	1472	1100	2012
55	131	205	401	355	671	510	950	810	1490	1110	2030
60	140	210	410	360	680	520	968	820	1508	1120	2048
65	149	215	419	365	689	530	986	830	1526	1130	2066
70	158	220	428	370	698	540	1004	840	1544	1140	2084
75	167	225	437	375	707	550	1022	850	1562	1150	2102
80	176	230	446	380	716	560	1040	860	1580	1160	2120
85	185	235	455	385	725	570	1058	870	1598	1170	2138
90	194	240	464	390	734	580	1076	880	1616	1180	2156
95	203	245	473	395	743	590	1094	890	1634	1190	2174
100	212	250	482	400	752	600	1112	900	1652	1200	2192
105	221	255	491	405	761	610	1130	910	1670	1210	2210
110	230	260	500	410	770	620	1148	920	1688	1220	2228
115	239	265	509	415	779	630	1166	930	1706	1230	2246
120	248	270	518	420	788	640	1184	940	1724	1240	2264
125	257	275	527	425	797	650	1202	950	1742	1250	2282
130	266	280	536	430	806	660	1220	960	1760	1260	2300
135	275	285	545	435	815	670	1238	970	1778	1270	2318
140	284	290	554	440	824	680	1256	980	1796	1280	2336
145	293	295	563	445	833	690	1274	990	1814	1290	2354
150	302	300	572	450	842	700	1292	1000	1832	1300	2372

Zahlentafel 13.   Für Dampfdruck.
kg/qcm und engl. Pfund je Quadratzoll.

kg/qcm	0	1	2	3	4	5	6	7	8	9
0	—	14,223	28,447	42,670	56,893	71,116	85,340	99,563	113,786	128,009
10	142,233	156,456	170,679	184,903	199,126	213,349	227,572	241,796	256,019	270,242
20	284,465	298,688	312,912	327,135	341,359	355,582	369,805	384,028	398,252	412,475
30	426,698	440,921	455,145	469,368	483,591	497,815	512,038	526,261	540,484	554,708
40	568,931	583,154	597,377	611,601	625,824	640,047	654,271	668,494	682,717	696,940
50	711,164	725,387	739,610	753,833	768,057	782,280	796,503	810,727	824,950	839,173
60	853,396	867,619	881,843	896,066	910,289	924,513	938,736	952,959	967,183	981,406
70	995,629	1009,85	1024,08	1038,30	1052,52	1066,75	1080,97	1095,19	1109,42	1123,64
80	1137,86	1152,08	1166,31	1180,53	1194,75	1208,98	1223,20	1237,42	1251,65	1265,87
90	1280,09	1294,32	1308,54	1322,76	1336,99	1351,21	1365,43	1379,66	1393,88	1408,10

Zusammenstellung der Warmzerreißwerte der gebräuchlichsten Schaufelwerkstoffe.

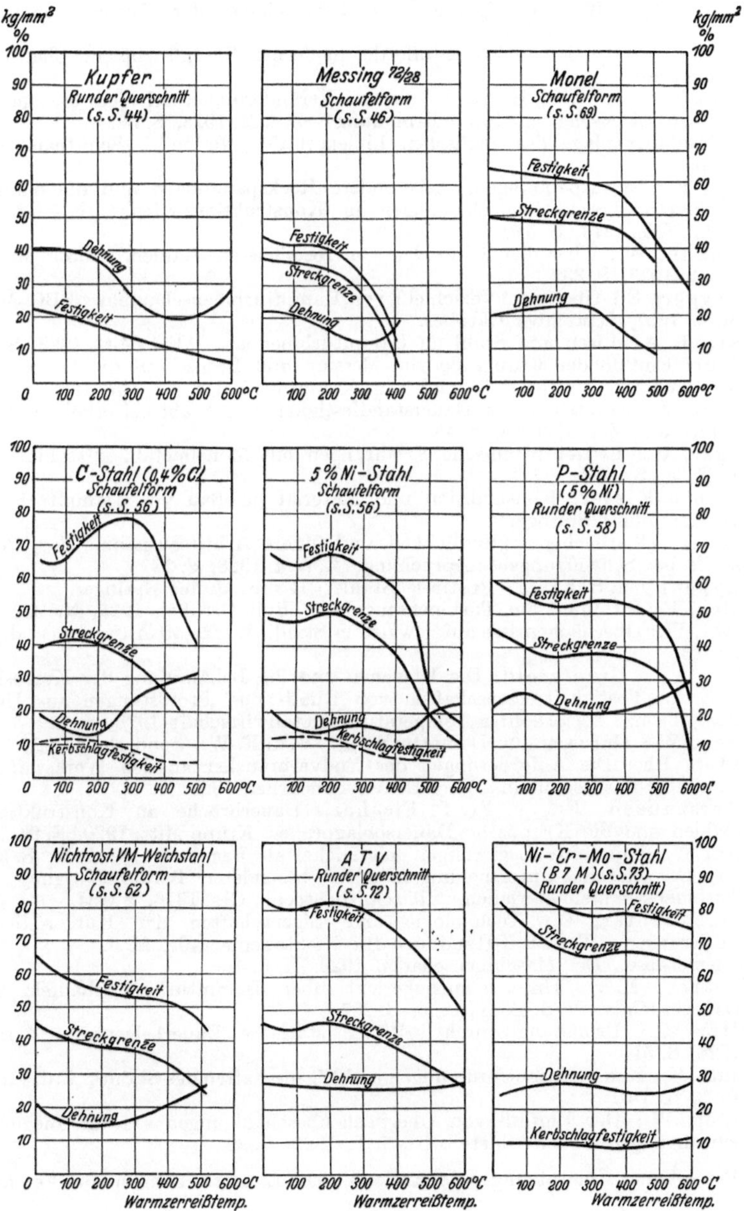

Literaturverzeichnis.

Anoschenko, B.: Verlängerung der Lebensdauer der Turbinenschaufeln. Power 1928, 9, Oktober.

Bodmer, A.: Die Schaufelwerkstoffe der modernen Dampfturbinen. Chal. Ind., Sonderheft.

Czochalski, J., u. E. Henkel: Welche Veränderungen erleiden die mechanischen Eigenschaften durch Ermüdung? Z. f. M. 1928, S. 58.

Die Maschinenanlage des englischen Linienschiffs „Nelson". Schiffbau 1928, S. 51.

Heyn, E.: Eigenspannungen, insbesondere Reckspannungen und die dadurch bedingten Krankheitserscheinungen in Konstruktionsteilen. Jb. schiffbautechn. Ges. 1913, S. 510.

Hofmann, W.: Über das Schweißen von rostsicheren Stählen. Autog. Metallbearb. 1927, S. 337.

Honegger, E.: Über den Verschleiß von Dampfturbinenschaufeln. BBC.-M'm-Mitt. 1927, September/Oktober.

Kraft, E. A.: Eisen und Stahl im Dampfturbinenbau. AEG.-Mitt. 1928, S. 15.

Köhler: Einfluß der Korngröße von Messing und Bronze auf die Korrosionsfestigkeit in erhitzten Salz- und Säurelösungen. Zbl. f. H. u. W. 1928, S. 236.

Körber, F.: Ermittlung der Dauerstandfestigkeit von Stahl bei erhöhten Temperaturen. Z. f. M. 1928, S. 45.

Krüger, H.: Betriebstechnische Erfahrungen mit Monelmetall. Maschinenbau 1923/24, S. 1085.

Lasche u. Kieser: Konstruktion und Material im Bau von Dampfturbinen. Berlin: Julius Springer.

Lehr, E.: Oberflächenempfindlichkeit und innere Arbeitsaufnahme der Werkstoffe bei Schwingungsbeanspruchung. Z. f. M. 1928, S. 78.

Monypenny u. Schäfer: Rostfreie Stähle. Berlin: Julius Springer.

Müller, E.: Prüfung von Turbinenschaufeln. Bull. Oerlikon 1925, Nr. 46.

Oertel, W.: Oberflächenrisse auf gewalztem Stahl. Werkstoff-Ausschuß V. d. E., Nr. 83.

Pollit, A., u. Creutzfeld: Die Ursachen und die Bekämpfung der Korrosion.

Pomp, A.: Festigkeitseigenschaften von Rund- und Profilstangen aus Heißdampfbronze bei erhöhter Temperatur. Metallwirtschaft 1928, S. 559.

Quack, W.: Gußeisen für Dampfturbinen. V. d. E.-W., Sonderheft 1927.

Reuter, Ph.: Die Anforderungen der Endverbraucher an den Werkstoff für Dampfturbinenschaufeln. V. d. E.-W., Sonderheft 1927.

Rittershausen, Fr., u. Fr. P. Fischer: Dauerbrüche an Konstruktionsstahlen und die Kruppsche Dauerschlagprobe. Krupp-Mitt. 1920, S. 94.

Rohn, W.: Säurefeste Legierungen mit Nickel als Basis. Z. f. M. 1926, S. 387.

Roth, C.: Material-Untersuchungen unter besonderer Berücksichtigung der Turbinenschaufelmaterialien. Jb. schiffbautechn. Ges. 1916, S. 154.

Schaarwächter, C.: Technologie und Eigenschaften der Kupfer-Nickel-Legierungen. Werkstoff-Handbuch für Nichteisenmetalle, M. 9.

Schadenauslese. Der Maschinenschaden 1929, H. 6.

Schwartz, M. v.: Untersuchungsbericht über Dampfturbinenschaufeln mit Dauerbrüchen. V. d. E.-W. 1926, S. 287.

Welter, G.: Ermüdung durch kritische statische Dauerbelastung. Z. f. M. 1928, S. 51.

Wendt, K.: Konstruktionsforderungen und Eigenschaften des Stahles. Z. d. V. d. I. 1922, S. 670.

Zander, W.: Der Einfluß von Oberflächenbeschädigungen auf die Biegungsschwingungsfestigkeit. Metallwirtschaft 1929, S. 29.

Bemerkung: Übersetzungen der ausländischen Literatur können vom Verfasser bezogen werden.

Sachverzeichnis.

Druck von C. G. Röder G. m. b. H., Leipzig.

**O. Lasche, Konstruktion und Material im Bau von Dampf-
turbinen und Turbodynamos.** Dritte, umgearbeitete Auflage
von **W. Kieser,** Abteilungsdirektor der AEG-Turbinenfabrik. Mit 377 Textabbildungen. VIII, 190 Seiten. 1925.   Gebunden RM 18.75

Handbuch der Materialienkunde für den Maschinenbau.
Von Geh. Oberregierungsrat Professor Dr.-Ing. **A. Martens †,** Direktor des
Materialprüfungsamts in Groß-Lichterfelde. In zwei Teilen.

Zweiter Teil: Die technisch wichtigen Eigenschaften der Metalle
und Legierungen. Von Professor **E. Heyn †.** Hälfte A: Die wissenschaftlichen Grundlagen für das Studium der Metalle und Legierungen.
Metallographie. Mit 489 Abbildungen im Text und 19 Tafeln. XXXII,
506 Seiten. 1912. Unveränderter Neudruck 1926. Gebunden RM 42.—

**Handbuch des Materialprüfungswesens für Maschinen- und
Bauingenieure.** Von Professor Dipl.-Ing. **Otto Wawrziniok.** Zweite,
vermehrte und vollständig umgearbeitete Auflage. Mit 641 Textabbildungen.
XX, 700 Seiten. 1923.   Gebunden RM 24.—

Die Dauerprüfung der Werkstoffe hinsichtlich ihrer Schwingungsfestigkeit und Dämpfungsfähigkeit. Von Professor Dr.-Ing.
O. Föppl, Vorstand des Wöhler-Institutes, Technische Hochschule Braunschweig; Dr.-Ing. **E. Becker,** Ludwigshafen, und Dipl.-Ing. **G. v. Heyde-
kampf,** Braunschweig. Mit 103 Abbildungen im Text. V, 124 Seiten.
1929.   RM 9.50; gebunden RM 10.75

**Die Dauerfestigkeit der Werkstoffe und der Konstruktions-
elemente.** Elastizität und Festigkeit von Stahl, Stahlguß, Gußeisen,
Nichteisenmetall, Stein, Beton, Holz und Glas bei oftmaliger Belastung
und Entlastung sowie bei ruhender Belastung. Von **Otto Graf.** Mit
166 Abbildungen. VIII, 131 Seiten. 1929. RM 14.—; gebunden RM 15.50

**Festigkeitseigenschaften und Gefügebilder der Konstruk-
tionsmaterialien.** Von Professor Dr.-Ing. **C. Bach** und Professor
R. Baumann, Stuttgart. Zweite, stark vermehrte Auflage. Mit 936 Figuren.
IV, 190 Seiten. 1921.   Gebunden RM 18.—

Elastizität und Festigkeit. Die für die Technik wichtigsten Sätze
und deren erfahrungsmäßige Grundlage. Von **C. Bach** und **R. Baumann.**
Neunte, vermehrte Auflage. Mit in den Text gedruckten Abbildungen,
2 Buchdrucktafeln und 25 Tafeln in Lichtdruck. XXVIII, 687 Seiten.
1924.   Gebunden RM 24.—